Deepen Your Mind

推薦序

經濟部技術處扮演臺灣科技創新研發的推手，電動車與自駕車是為技術處的主要重點計畫之一，透過自駕技術展現科研與產業合作的最佳典範。為落實自駕車的目標，除了技術上的突破外，科普教育的普及也相當重要，而自自主移動機器人 (Autonomous Mobile Robot, AMR) 為實現自駕車的雛型，也是許多大專院學校的研究項目，因此自走車技術推廣是不容忽視的工作。

很高興看到林顯易教授與其學生出版「自學無人自走車 ─ 使用 ROS 與 MATLAB」一書，本書對無人自走車原理、概念說明到實驗操作都有清楚地說明，帶領讀者進入無人自走車世界，不僅提供對無人自走車有興趣的大專院校學生與社會人士能在家自學，未來更可以接軌自駕車技術，培養出更多創新研發人才。

林教授目前獲經濟部邀請擔任科技專家，學養俱佳，而本書由林教授與學生費心撰寫，在研究繁忙之餘還不忘對科普的重視，特別是林教授在機器人技術已深植十餘年，不僅在機器手臂或是無人自走車技術都有許多研究亮點，所提出 MATLAB 結合 ROS 的創新機器人控制概念為其獨到見解，透過 MATLAB 加速演算法開發的時程，並使用 ROS 提供自走車感測與動力的控制與驅動，未來有機會成為國內外機器人研發的創新平台開發作法。

自駕車技術是國內外車廠的主要研發方向，台灣當然不能落於人後，藉由本書將可落實自駕車技術人才培育與科普推廣，因此本人極力推薦本書給對於自駕車或自走車有興趣的學生與社會人士，在目前科技爆炸的時代，透過本書增加自我的競爭力。

邱求慧

經濟部技術處 處長

推薦序

自駕車研發市場正有著爆發性的成長，隨著人工智慧科技的成熟，深度
學習和強化學習技術的躍進，還有 5G 通訊技術推動車聯網的實現，皆
成為自動駕駛與先進駕駛輔助系統（ADAS）的高速進展的強大推力。
根據國外研究機構 Research and Markets（註）報告指出全球自動駕駛
汽車市場價值到 2030 年將預計超過 2 兆美元，全球銷量將超過 5800
萬台。

發展自駕車產業，需要大量的軟體運算能力，精密演算法，即時回饋的
感測器，以及各種裝置整合。透過 MATLAB®& Simulink® 平台開發，
可輕易整合人工智慧相關演算法，在同一平台中進行多設備系統開發及
模擬，縮短在硬體上實現的成本及時間，加速產品上市時程。著名的電
動車特斯拉 Tesla 使用 MATLAB®& Simulink® 進行建模已超過 10 年，
仍不斷透過模擬調整硬體效能，以提供更好的產品。台灣本身硬體製造
實力強大，已有固有車用電子上下游完整供應鏈，放眼未來，若加上與
國外車廠能接軌的開發系統，必定有機會在全球產業鏈佔有一席之地。

林老師在校內透過輔助機器人實驗室及實踐場域（如木藝基地等），結
合無人車和機器手臂，讓學生能夠了解工業 4.0 自動化的精髓，在校
外，屢屢率領團隊在競賽中創造佳績，並與企業界緊密結合，提供從使
用者的角度自動化解決方案，具備著豐富理論與實作的教學經驗背景，
書籍的內容十分適合想要踏入自走車 / 自駕車研發領域的初心者。本書
內容理論與實作並蓄，除了詳細介紹使用的開發環境，林老師深入淺出
的講解自走車理論，佐以數個不同階段的練習實驗，每個實驗步驟詳
細，猶如置身課堂聽講，讓讀者可以輕鬆學習，快速理解。

鈦思科技於國內推廣二十餘年，深感在學習初期若能降低門檻，讓初學者從過程中獲得成就感，可進而提高興趣，對於後續的研究便能提升效率及成果，增加未來的競爭優勢，身為鈦思科技總經理，欣聞林老師願意不藏私地分享經驗，開拓初學者學習捷徑，非常推薦大家跟著書中內容一步步操作，定令您受益匪淺。

鈦思科技股份有限公司總經理

申強華　2021 年 8 月

註：https://www.researchandmarkets.com/

序

....

隨著科技發展及人工智慧技術的突飛猛進，以往只存在於電視影集中無人自駕霹靂車，近年來漸漸地被實現及應用。具有自動駕駛功能的車輛被視為全球未來的新興產業，自駕車可透過人工智慧與影像技術自主判定路況，提升乘車與行人安全。此外，未來城市的智慧運輸系統，除了智慧駕駛車輛、自駕巴士也將不可或缺，形成一套自主的車輛管理系統，這樣的願景相信在不久的未來就會實現。

在自駕車的願景下，無人自走車為相較容易被實現的主題，尤其是學生常以自走車為專題研究題目，許多專題計畫廣泛實作與探討自走車的導航技術。特別是在新冠肺炎疫情當下，自走車相關應用更是需要被創造與開發，提供零接觸的各種可行應用，創造更多商機。

為了讓更多學生與社會人士輕鬆地踏入開發自走車相關應用，本書採用 MATLAB® 與 ROS2 結合的方式來建立自走車軟體開發平台，來降低進入自走車開發的門檻，讀者可以專心於控制演算法的開發，即便在家也可以自學無人自走車。本書規劃自走車的功能有路徑規劃、自主移動、路徑追蹤、閃避障礙物，以及自主導航到達指定目的地。

✤ 關於本書

自走車目前已是一般人所接觸到的生活題材，期望藉由本書帶領對自走車技術有興趣的社會人士或是高中職、大專程度學生，可以輕鬆地按部就班學習，快速進入自走車開發的世界，透過自己實驗試作來了解自走車的原理。

本書首先介紹自走車基本原理，並配合 MATLAB® 及 ROS2 整合實驗範例來引領讀者對自走車技術的認識，期望未來讀者能夠針對自己有興趣的部分深入研究，並能夠開啟對自動駕駛車技術的了解。

❖ 範例程式碼

本書的實驗範例皆具備有可參考的程式碼，讀者可以直接套用或修改，以方便實驗操作進行，並能夠於下列網址回饋或是獲得關於本書的勘誤。

https://mega.nz/folder/jkMBEA5K#JpHj-lJEm3h7S46xfMybPw

❖ 關於作者

林顯易現為國立台北科技大學自動科技研究所專任教授，主要專長為智慧機器人控制技術、人工智慧與機器學習、機電整合、影像感測。目前開設多門線上課程，包括在台達基金會 DeltaMOOCx「數位信號處理器」與「機器人學」，以及工研院 ITRI college +「智慧機器人學」課程。另外林老師也擔任資策會與台灣區電機電子工業同業公會「人工智慧與機器學習」的講師，授課經驗豐富，細節請參考林老師網頁 https://arlabtw.com.tw。

陳雙龍為國立台北科技大學自動化科技研究所碩士，前後曾任職國內財星全球 500 大企業、日本前八大知名電機企業韌體工程師，主要專長為程式設計、智慧機器人控制技術等，並持續不斷進修，廣泛學習，使所學與實務結合，於現場實踐專業技術。

目錄

······

01 概述

02 無人自走車導論

03 MATLAB® 介紹

04 無人自走車基礎理論

05 無人自走車初階實驗

06 無人自走車進階實驗

07 未來發展

A 附錄

近十年以來人工智慧的突破性發展，漸漸地已被實現及應用於各種應用中，其中自駕車是一個最明顯的例子，例如**特斯拉汽**車的全自動輔助駕駛已經表現與人一樣，透過人工智慧與影像技術可以自主判定路況以提升駕駛與行人安全，因此自動駕駛車已不再是夢想。根據波士頓顧問企業預估，全球自動駕駛車市場銷售金額將在 2025 年到達 420 億美元，且 2035 年將會有倍數的成長，因此自動駕駛功能的車輛是目前炙手可熱且被全球視為未來的新興產業 [1]。除了私用的自駕車輛外，若再加上具備自駕功能的大眾運輸系統例如無人巴士、無人貨車等，則可串連成智慧公共運輸系統，打造成先進的智慧城市。以上的願景已不再是夢想，許多技術逐漸地被實現，相信在不久的未來，我們都可享受到自動駕駛車的便利與安全。

本書將具備**自動駕駛**功能的車輛統稱為自動駕駛車，自動駕駛車於維基百科上又稱為無人駕駛車、無人車、自駕車，為一種具有運輸動力的無人地面載具。自動駕駛車不需要人類操作即能感測周圍環境並導航，是一種可以感知環境以及不需人類操作駕駛的車輛 [2]，電池為其主要的動力來源，無需燃油因此在講求低碳排放的時代，提高電動車普及率也是各國主要努力的目標。

自動駕駛汽車構想起始於 1950 年，美國通用汽車曾經嘗試進行自動駕駛汽車的開發，目標是希望在高速公路上達成自動駕駛，分攤駕駛的疲勞負擔，但是最後仍舊是沒有實現預期的結果。而後於 1980 年美國又開始另一波研究開發風潮，聯邦政府為首等機構的大筆經費支持，同樣以高速公路交通為目標，希望透過自動駕駛進而改善交通狀況。

經過數十年的研發，這股發展浪潮並沒有褪去，時至今日自動駕駛車技術仍然是世界各國首要研發目標之一，除了美國以特斯拉為首在自動駕駛技術的發展與投入，科技巨頭蘋果（Apple）、Google 也加入研發行列；位於歐洲具有悠久歷史的汽車製造商 Audi、Benz、BMW 等推動自動駕駛車技術也不落人後；除了技術方面創新，歐洲國家也同時發展基礎建設、交通法規等，期望自動駕駛車更容易讓民眾所接受；同屬亞洲區域的日本以本田技研工業（Honda Motor）目前的 L3 等級自動駕駛車發展最受注目 [3]，南韓由現代汽車（Hyundai Motor）、樂金電子（LG Electronics）等企業共同進行自動駕駛車開發最具代表性，台灣則是由企業所組成**自駕車產業聯盟**期望整合產官研的科技軟硬實力 [4]，中國大陸以百度、阿里巴巴等集團的投入發展最受注目，新加坡則有科技新創 MooVita 投入技術研發與創新資源，世界各國及企業都期望著手迎接並卡位自動駕駛車技術商機，為即將到來的新時代預作準備。總結上述，傳統車廠與發展人工智慧的科技先驅廠家，也都紛紛投入大量的資金、人力和物力等等的資源，都想搶先搭上這一波自動駕駛車浪潮全力向前疾駛。

自動駕駛最終目標是預期速度及方向控制不需要人為操作，智慧駕駛時可以自主運作項目愈多，或是愈少人為操作介入，即代表具有的**自動駕駛等級**越高。目前被廣泛採用的自動駕駛分類為國際汽車工程師學會

（SAE）定義的 J3016 標準，依自動化程度從代表傳統汽車的 Level 0 到完全自動化的 Level 5，總共可以分為 6 個等級。

目前已上市的自動駕駛車大多是具備 Level 2 程度的**部分自動駕駛**技術，少數達到 Level 3 程度的**有條件自動駕駛**，國際間也普遍認為要達到 Level 4 程度的**高度自動駕駛**（在允許條件下讓車輛自動駕駛）或是以上程度，在技術上還需要十年以上的準備時間才能夠具備上市水準；但若是在已知的封閉場域或是採用固定行駛路線方式，在自駕技術是相對容易達到。相對於自動駕駛車技術積極地被討論與研發時，**無人自走車**相對是一個較簡單的自動駕駛車雛形。簡單的說，無人自走車就是一部功能簡單的自主移動式機器人（**Autonomous Mobile Robot，AMR**），所使用的環境通常為工廠或是居家環境，大多是在已知的封閉場域，相對於自動駕駛車所使用市區道路相對簡單許多。**無人自走車**，開始應用於倉儲運輸系統，可以想像在貨物快遞轉運中心，接收來自世界各地的待分類貨運物品，依據地區（前往台灣、日本…）或是物品類別（冷凍、冷藏、常溫…）來分配貨物。在轉運中心裡，被分門別類的分配到上百個層層相疊的貨架中，同時又要提取相對應貨品到貨車或是貨櫃上，等待搭上下一班即將出發的飛機或是貨船。在這龐大複雜及繁忙的場景下，需要數十台甚至是百台無人自走車，可以在起始點提取貨品，並成功正確的運送到目標點。

正當無人自走車應用於倉儲運輸系統，**自主移動機器人（AMR）**也被運用於智慧化工廠，讓工作排程更具備智慧化及自主性，提升工廠內物品搬運的彈性與流暢度，更具備多機協作與環境互動的能力，協助工作夥伴（人或機器）更有效率的完成工作動作。

2020 年新冠肺炎開始肆虐的當下，**無人自走車**可肩負起「零接觸」的運送工作，例如在防疫旅館、醫院，用於肩負遞送餐點、藥品及穢物等工作；快遞服務業者則是構想使用無人自走車，進行無接觸的配送工作

[5]。想必在未來病毒依然會是人類的最大天敵，在抗疫期間開始有許多使用無人自走車解決防疫問題的構想產生，例如無人清掃、消毒，還有無人運輸、物流等勢必增加。未來，你也可以發揮想像空間，開發出一個屬於你自己的應用場景及實例，找到一個可以讓無人自走車技術落腳的地方。

如圖 1.1 顯示車輛要達到自動駕駛能力，除了具備超強運算能力的行車電腦外，常見的構想是採用相機、紅外線或超聲波雷達（RADAR）或光達（LiDAR）這類感測器，探測並感知周圍環境狀況。為了獲知當前的位置，採用衛星定位系統（GPS）及里程計推估等方法達到定位能力。無人自走車同樣也可以裝載這些相類似的裝置，但考量適用功能、運行場域等等因素，或許進行些許的調整，讓裝載的元件發揮最大的功能。如圖 1.2 顯示本書中所採用的無人自走車實驗平台，裝載雷射測距感測器，也就是利用光達（LiDAR）感知周圍環境，並使用里程計作為位置回饋。

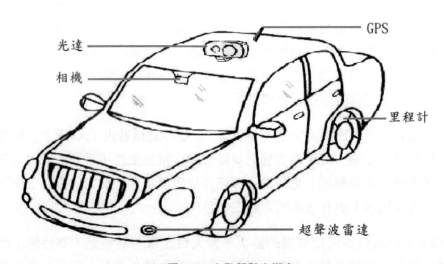

▲ 圖 1.1　自動駕駛車概念

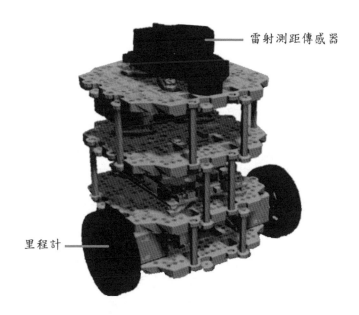

雷射測距傳感器

里程計

▲ 圖 1.2　本書使用的無人自走車實驗平台

研發**無人自走車系統平台**是一個龐大的工程，涉及機械、電子、控制、通信等等學科，所需要的工作從設計機構、畫電路、撰寫驅動程式、設計通訊方式開始，然後再進行組裝、測試，以及編寫各種控制決策程式，每一個項目都需要花費大量的時間，因此自走車的開發及創新的門檻相當高。為了降低開發自走車門檻，本書採用 MATLAB® 與 ROS（Robot Operating System）結合的方式建構**自走車實驗平台**，讀者只需要專注於建立 MATLAB® 自主導航定位的控制演算法，即可達到自主導航定位的能力，即使在家也可以自學無人自走車的相關技術。

◇ 1.1 本書主旨

本書希望以科普教育的角度推廣無人自走車技術，因為自走車已是一般人所接觸到的生活題材，透過自己實驗試作來了解自走車的原理，期望藉由本書讓高中職、大專程度學生或是有興趣的社會人士可以從對自走車技術有更深入的認識。本書首先介紹自走車基本原理，並配合實驗操作來加強讀者對自走車技術的認識，對讀者最大的吸引力是本書提供實驗操作範例來幫助讀者可以在家實現自走車，並開啟對自動駕駛車技術的深入了解。

特別強調的一點，本書主要採用 MATLAB® 與 ROS2 結合的方式來建立**自走車軟體開發平台**，MATLAB® 主要用於開發演算法，包括自主導航及控制，以達到路徑規劃、自主移動、路徑追蹤、閃避障礙物。使用**MATLAB®** 原因是其軟體具備有圖形化操作及顯示介面，一直以來受到工程與科學領域的歡迎 [6]，而且 MATLAB® 整合多種演算法與工具庫（Toolbox），讓使用者可以有效率地進行原型系統的開發，減輕設計開發時的負擔。

ROS（Robot Operating System）則是用來操控自走車的機器人作業系統，專為機器人開發所設計的軟體架構，屬於開源軟體。ROS 採用訊息傳遞的分散式系統架構，可以以網路作為媒介進行連結溝通，並於不同電腦模組進行運算處理 [7]。ROS 系統框架目前已被廣泛應用於機器人及其相關領域的設計、研發與製造，以及學術研究領域。

目前 ROS 系統有兩個分支，分別是第一代系統（ROS1）與第二代系統（**ROS2**）。ROS1 經過多年的開發，系統成熟穩定度優良，可以找到相當多的參考的範例，對於設計、開發、除錯來說相對容易；ROS2 是基於需求的革新，如強化通訊功能的即時性、支援多種作業系統、多機器人的控制支援等等（詳細請參考 2.3 ROS 從 1.0 到 2.0）[8]。ROS2 目前經歷到第五代的開發，還算是在萌芽階段，但有愈來愈多人採用，未來極具發展性，且 ROS1 因相容性問題也許未來會逐漸被淘汰，因此本書實驗建構選擇採用 ROS2 系統。

本書希望推廣的想法是結合 MATLAB® 與 ROS2 來降低進入自走車開發的門檻，主要以 MATLAB® 建構自走車自主導航及控制系統演算法，並配合 ROS 系統架構對硬體設備進行控制，最後達到具有自主導航能力的自走車。圖 1.3 顯示本書所實現自走車的系統架構，自走車硬體的控制元件裝載 ROS2 系統，透過 ROS 系統框架以網路當作媒介，並與裝載於遠端電腦上的 MATLAB® 軟體溝通，開發者就可以集中所有精神在於使用 MATLAB® 進行自走車控制演算法的開發，而不需要費心於自走車的硬體控制。

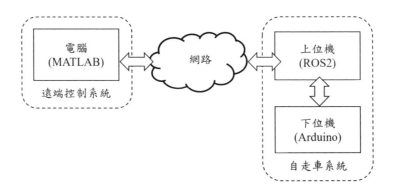

▲ 圖 1.3　整體系統架構

本書根據圖 1.4 顯示之自走車的智慧導航與建圖功能，來設計章節實驗，透過由基礎到進階的實驗、操作與練習，讀者不但可以依書中演算法實際進行路徑規劃、導航追蹤、動態避障來實現自走車智慧導航的能力，同時也可以學習到自走車的自主導航與建圖相關的知識，甚至可以規劃運行於自己專屬的場域環境。

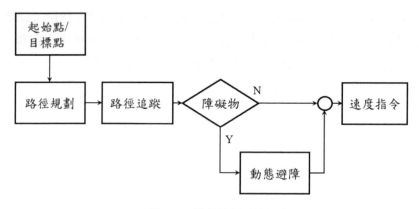

▲ 圖 1.4　導航控制系統概念

◇ 1.2　本書適合對象

本書藉由實驗範例按部就班的操作帶領對自走車有興趣的自學者、狂熱者或是高中職、大專程度學生，輕鬆地自己學習，快速入門自走車開發的世界。同時也期望能夠由本書的實驗範例中，讀者發覺自己有興趣的部分再更加深入研究。因許多大專院校皆有 MATLAB® 授權使用，倘若讀者對 MATLAB® 不熟悉，坊間有許多相關書籍可以參考，或是請教代理商鈦思科技股份有限公司的專業工程人員。

至於 ROS 其為開源軟體，網路上有許多相關的資料可以查詢及參考，軟體上使用上應無太大問題，以下為 ROS 官方網站並具有教學文件可以依序參考與學習。

http://wiki.ros.org/ROS/Tutorials
https://docs.ros.org/en/foxy/Tutorials.html
http://www.iceira.ntu.edu.tw/project-plans/195-robot-operating-system-ros

◇ **1.3 本書編排方式**

本書的編排方式為，前半部章節在原理、概念說明，後半部章節則是實驗操作，帶領讀者從基礎到進階的實作練習。

除了第 1 章的概述外，第 2 章著重在於 ROS 系統框架介紹，內容有開發歷史、版本更新過程，以及為何 ROS 要由 1.0 演進到 2.0，並且包含如何建構實驗環境，從器材準備到軟體下載安裝及設置，及 ROS2 指令的操作練習。

第 3 章著重在於 MATLAB® 軟體介紹，與其他程式語言的比較及基本操作，並說明使用 MATLAB® 用來開發自走車的好處，並且介紹實驗中會用到的相關工具庫（Toolbox），以及軟體安裝程序。

第 4 章首先介紹自走車系統組成，為什麼有上位機與下位機，及主要負責功能。接下來對自走車實驗所使用演算法概略介紹，包括其開發的概念及構思，期望引起讀者對有興趣的演算法進行更深入的研究或改進，並說明無人搬運車與自主移動機器人的差異、目前的發展，及其所需遵循的法規。

第 5 章開始實驗操作章節，由基礎到進階的實驗操作，從通訊連結自走車的 ROS2 與 MATLAB® 系統開始，採用個別功能的實驗操作方式，讀者可以循序漸進學習。本章介紹如何驅動自走車移動，以及如何控制自走車移動到定位點，並能夠了解自走車的主要元件及功能，此外還可以學習到 MATLAB® 軟體的圖形化操作介面及程式指令，以及 ROS2 系統框架的概念。

第 6 章則是開始建立自主的導航控制系統，採用無需人工指令進行導航操作，一切都是採用控制演算法則自動進行。首先利用已建立好的導航地圖，給定起始點與目標點後，依序進行路徑規劃、路徑追蹤、避開障礙物及定位補償。本章內容以單元方式介紹，分別說明演算法使用、流程安排、程式撰寫及實驗操作，並從實驗結果探討其中主要變項的影響。最後則是介紹如何建立實驗場域環境的地圖，爾後讀者可以自行建立自己專屬的環境導航地圖，以實現自走車的自主導航能力。

第七章為未來展望與第一章到第六章的重點總結，讀者可透過本章複習前六章的章節重點。

1.4 小結

- 自動駕駛功能的車輛被全球視為未來的新興產業，歐美亞洲各國視自動駕駛車為未來發展的趨勢，具備有百億美元商機，所以除了傳統的汽車製造商外，以創新科技為主要發展的公司也紛紛加入開發行列。

- 智慧駕駛時可以自主運作項目愈多，或是愈少人類操作介入，即代表具有的自動駕駛等級越高。

- 自動駕駛車的相對簡單雛形就是無人自走車，無人自走車就是一部功能簡單的移動式機器人。

- 無人自走車的發展相當符合現實面的需要，已是一般人所能接觸到的生活題材。

- 以 MATLAB® 建構無人自走車自主導航及控制系統，配合 ROS 系統架構對硬體實驗平台進行控制，達到具有自主導航能力，透過結合 MATLAB® 與 ROS2 來降低進入自走車開發的門檻。

- 在 MATLAB® 開發演算法技術達到自主導航定位能力，功能有路徑規劃、自主移動、路徑追蹤、閃避障礙物，最後還能夠到達指定目的地。

- 自走車硬體的控制元件裝載 ROS2 系統，透過 ROS 系統框架以網路當作媒介，與裝載於遠端電腦上的 MATLAB® 軟體溝通。

1.4 小結

無人自走車導論

隨著未來智慧城市發展與交通運輸趨勢與需求,自動駕駛車成為目前最炙手可熱的開發主題之一,其實就是一部會移動的機器人,無人自走車也可以看作是一部功能簡單的自動駕駛車;當世界上各領域的龍頭企業都競相投入進行技術研發的同時,我們也藉由無人自走車來學習自動駕駛車的技術。

近幾年機器人相關應用能夠快速發展,開源的機器人作業系統(Robot Operating System)可說是居功厥偉,其所建構的機器人程式開發框架、函式庫及工具套件,讓機器人的設計開發可以不需從頭做起,而能站在前人的肩膀(經驗)上再往上發展,自主移動機器人(AMR)也可以這樣快速建構佈署於智慧工廠。在這個章節會介紹 ROS 系統框架,以及開發歷史、版本更新過程,並且說明 ROS 自 1.0 演進到 2.0 的緣由。此外說明如何建構實驗環境,從實驗器材準備開始到軟體下載安裝及設置。

2.1 認識 ROS

Robot Operating System 的簡稱為 **ROS**,也被稱為機器人的作業系統,屬於開源軟體系統,是專為機器人軟體開發所設計出來的一套軟體系統 [9]。提供類似於作業系統的功能包含有硬體抽象、硬體設備控制、驅動程式、資料傳遞等功能,並具備一些常用的函式庫及軟體工具套件,是一個用於機器人系統開發,並具有彈性的軟體系統整合框架。

ROS 系統第一代從 2007 年開始發展,一開始的理念是避免重複開發相同功能的軟體元件,期望將時間及精神用在開發不同的應用,比如說設計製造車子時,如果說可以重複使用別人已經設計好的輪子,那就可以有多一點時間用在車子性能的設計上。經過九年的更新發展後,於 2015 年 8 月正式發佈第二代 ROS 的 Alpha 版本,ROS2 主要是增加了綜合性能,改善通訊的即時性、能支援多作業系統以及小型嵌入式系統。以 ROS 系統框架進行開發,可以選擇採用 ROS1 系統或是 ROS2 系統;ROS1 由於已經開發多年,可以在社群上找到的參考的實例相當多,對於使用來說相對容易;ROS2 基於需求的革新,到目前經歷到第五代的開發改進,算還在萌芽階段,具有未來的發展。

2.1.1 Linux 平台

ROS1 需要建構在 Linux 環境的作業系統上執行,例如 Ubuntu,由於太受歡迎驅使使用需求的增加,ROS2 目前支援的作業系統包含有 Ubuntu、MacOS、Windows 10 以及為小型嵌入式系統所設計的 RTOS,並持續地在進行各方面的整合測試。

2.1.2 歷史

ROS 最早是由史丹佛大學人工智慧實驗室的 STAIR（Stanford Artificial Intelligence Robot）計畫開始發展，主要用於機器人相關的原型開發，2007 年與 Willow Garage 公司於個人機器人開發項目的合作，進一步擴展了 ROS 的使用經驗，提供了大量資源並經過具體的研究測試實現之後，也積累了眾多的科學研究成果。

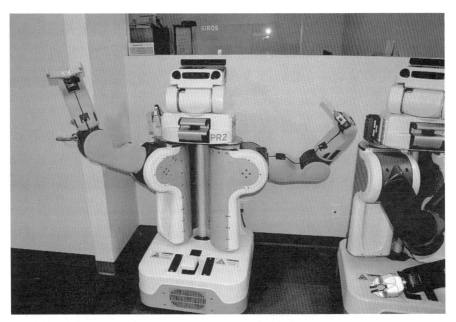

▲ 圖 2.1　PR2 機器人

在 2008 年到 2013 年間 ROS 主要由 Willow Garage 公司接手，並由眾多學校及研發機構合作開發及維護，這種聯合開發模式也成為 ROS 的開發常態。當時主要發展的機器人為 **PR2** 人形機器人，並計畫發展成為全方位功能的**人形機器人**。如圖 2.1 顯示 PR2 被設計成具有七個關節的手臂，手掌以鉗子型態取代，位於底部的腳上裝置四個輪子，達到移動行進的需求；並於頭部、胸部、手肘、鉗子上安裝有攝影機，及觸覺、距離、慣性感測器；並裝置兩部電腦作為機器人各硬體元件的控制和進行資訊溝通。由於 ROS 讓 PR2 能夠獨立完成多種複雜的任務，有著前所未有的不可思議表現，譬如疊衣服、插電源插座，因此也開始有愈來愈多人關注 ROS 的開發與應用。

隨著 ROS 框架的逐漸的完整，2012 年以後每年都舉辦一次 ROS 開發者大會（ROSCon），前期是與 IEEE 機器人與自動化國際會議相同於每年的 5 月舉行，於 2014 年後則跟隨著全世界機器人最具規模及影響力的學術會議之一 – 智能機器人與系統國際學術會議（International Conference on Intelligent Robots and Systems, IROS）同時舉行。

其中幾位成員於 2012 年創立開源機器人基金會 Open Source Robotics Foundation（**OSRF**），這是一個獨立的非盈利組織，並於 2013 年開始接手 ROS 的開發及維護工作，一直持續發展至今日。ROS 最初的設計是以學術研究為目標，隨著眾多的發展實例，出乎原本預期。ROS 隨後被大量的應用到工業甚至是消費型產品市場，包括工業機器人、農業機器人、清潔機器人、服務機器人等。

然而 ROS 的主要目標在於使機器人相關的開發，可以分享、移植並整合全世界在相關領域的研究成果；最原始的核心概念就是希望軟體元件可以重複使用，讓已經開發的研究成果可以像模組元件一樣，容易地被移植到其他地方使用 [10]。隨著機器人相關的開發研究快速發展，一個基礎元件或演算法於新領域的應用，已經被重複實驗試作，或是移植到不同系統。一旦開發人員在具備 ROS 的基礎知識後，隨即能夠移植已經成功開發的基礎元件，並可將更多的時間用於新應用的構想、設計與開發，而發展出更多不同程度的應用實例。

2.1.3 版本更新過程

表 2.1 顯示 ROS 從第一版發表開始，烏龜一直被作為吉祥物，每一個版本的發佈都以烏龜的學名命名，都伴隨著一個新的烏龜吉祥物和小圖標，烏龜吉祥物的設計從顏色、風格、主題等都保持有一致，永遠都可看見各種造型或品種的烏龜。

表 2.1　ROS1 與 ROS2 版本歷程

年代	ROS1	ROS2
2020	Noetic Ninjemys 	Foxy Fitzroy
2019	Eloquent Elusor 	Dashing Diademata

年代	ROS1	ROS2
2018	Melodic Morenia 	Crystal Clemmys
	Bouncy Bolson 	
2017	Lunar Loggerhead 	Ardent Apalone

年代	ROS1	ROS2
2016	Kinetic Kame	Beta 開發版 Alpha 開發版
2015	Jade Turtle	
2014	Indigo Igloo	

年代	ROS1	ROS2
2013	Hydro Medusa 	
2012	Groovy Galapagos 	Fuerte Turtle
2011	Electric Emys 	Diamondback

年代	ROS1	ROS2
2010	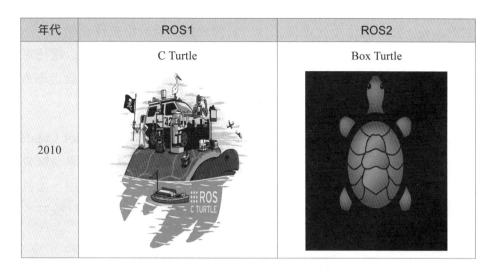	

在英語中 Tortoise 與 Turtle 都是代表烏龜，實際上是有不同的意思。

- Tortoise 是指陸上生長的烏龜。
- Turtle 是指各種烏龜，包含陸地上和海裡面的。

2.1.4 TurtleBot 機器人

由於人形機器人 PR2 功能強大但造價高昂，想要自行、設計、開發製造一款類似的機器人，也相當耗費時間與資源。ROS 開發團隊希望另外提供機器人開發者或愛好者入門級的硬體設備，於是發起 TurtleBot 實驗平台，除了相對適中的的價格，最重要的是可以直接使用，並有社群提供豐富的技術支援。TurtleBot 使用者可以專注於應用層面的開發，避免了很多前期工作，如結構設計、元件購買、設計電路、撰寫程式以及加工組裝等工作。

TurtleBot 的設計採用市面上能夠買到的硬體元件，再加以裝配組合，並有完整的說明文件，性能需求也能滿足開發使用。從事自走車設計開發的人員，可以省下不少準備工作，只需要依功能需求選擇硬體元件，再加上 ROS 系統建置，就能夠開始進行設計及應用。因而可以縮短準備、調整等的開發時間及其他開發課題，建立一部功能複雜的自走車實驗平台系統，並有效解決獨立開發的經費壓力問題。

圖 2.2 顯示第一代 TurtleBot，系統的硬體元件採用包含 iRobot Create 掃地機器人的底盤、Kinect 深度攝影機、筆記型電腦還有層架型態外觀，在筆記型電腦上安裝設定 ROS 後，就能夠具備有進行應用、設計與開發等功能，如此對一般的開發者或愛好者的使用需求更具親和力。

▲ 圖 2.2　第一代 Turtlebot
（CC BY-4.0 by https://www.turtlebot.com/）

Turtlebot2 則由韓國的一家機器人公司（Yujin Robotics）進行開發，希望打造出一套與 Turtlebot 類似功能的機器人開發用平台，並與 ROS 團隊合作後開發製作出第二代的 Turtlebot。圖 2.3 顯示底盤採用 KUBOKI

掃地機器人，安裝有 ROS 的筆記型電腦當成控制裝置，結構也可隨意
改裝，有極大的 DIY 空間，具有多型態的改造變形，如單板電腦、機
械手臂、3D 相機的採用等等。

▲ 圖 2.3　第二代 Turtlebot（Kobuki Turtlebot）
（CC BY-SA 3.0 by Rexcornot）

2016 年韓國的另一家機器人公司 Robotis 與開源機器人基金會
（OSRF）共同發表 **TurtleBot3** 系統，如圖 2.4 顯示外形設計與原有的
TurtleBot 完全不同，採用模組化設計，可以容易依開發使用者的需求
自由改裝。TurtleBot3 開發原意並不是為了取代前代的 TurtleBot，而是
補充前代產品所缺少及用戶需求的功能，例如小型化、模組化、容易自
行組裝、提供入門級的使用需求及可負擔的價格 [11]。

▲ 圖 2.4　Turtlebot 第三代系統

（CC BY-4.0 by https://www.turtlebot.com/）

以海龜圖示代表 ROS，是學習源自於 1967 年開始發展的 LOGO 語言
（教育性計算機編程語言，主要是想培養學生學習電腦的興趣和正確的
學習觀念）使用的海龜圖示作為 ROS 的符號，就是希望採用輕鬆的方
式對 ROS 新手進行教學，從那時起成為 ROS 的代表符號。

TurtleBot 是 ROS 的標準實驗平台，也是 ROS 最為重要的開發驗證機
器人，一直伴隨著 ROS 的成長，每個版本的 ROS 測試都會以 TurtleBot
為主，包括 ROS2 也率先在 TurtleBot 上進行了大量測試。TurtleBot 是
ROS 支援程度最好的機器人，同時也可以在 ROS 開發社群中獲得大量
相關資訊。

◇ **2.2 ROS 受歡迎的原因**

ROS 起源於 2007 年史丹佛大學人工智慧實驗室，最開始的使用者主要是學術研究開發單位，主要目標是希望讓已經開發的程式碼可以重複使用，後來愈來愈多的機器人產品也採用 ROS 系統架構進行開發，包含自動駕駛車、自走車等等。

ROS 是一個適用於機器人軟體程式發展的框架，這個框架把原本個別獨立的零組件彙整在一起，並提供了彼此溝通的通信方式。ROS 採用分散式系統架構，可以透過網路於不同電腦模組進行運算處理，以方便建構異地的控制系統。主要特點是採用基於訊息傳遞的通訊方式進行模組間的溝通，ROS 通過內部處理的通訊系統進行資訊的訂閱與發佈機制，提供輕鬆耦合的運行架構。

圖 2.5 顯示 Node、Message、Topic 是 ROS 的基礎概念，**Node** 為一個可執行程式 ROS 的基礎元件，**Topic** 為資料通訊的主題，Node 與 Topic 之間以 **Message** 傳遞進行溝通；運作方式為 Node 以發佈或訂閱想要的 Topic，透過 Message 來傳遞資訊，如此來進行資訊傳遞。例如寫了一個程式，當自走車的速度到達 10 km/hr 時開始減速，這樣的概念下程式就是 Node、速度就是 Topic，中間傳遞的就是 Message。

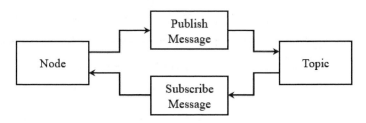

▲ 圖 2.5　Node - Message - Topic 的關係

ROS 系統用模組化的特點，開發者可以很容易的獨立開發並編譯各模組的程式碼，就讓程式碼可以容易依使用需求進行移植或是重新使用，同時也整合了不少目前已經開發的開源模組程式碼及工具庫。

2.2.1 社群資源

原始的發展理念是透過一個開發社群的建構，讓研究人員、愛好者，甚至是企業都可以參與設計開發，聯合起所有的資源來實現每個人都可以擁有機器人的夢想。目前參與者可以透過網路社群彼此分享開發資訊，如此活躍的社群活動對於機器人相關的開發是相當有助益 [10]，尤其是在軟體方面更可以提升開發效率，這也是 ROS-based 的開發受到大量注目的關鍵。目前台灣較受歡迎的相關社群有：

ROS.Taiwan - https://www.facebook.com/groups/ros.taiwan

ROS.Taipei - https://www.facebook.com/groups/ros.taipei

FarmBot Taiwan - https://www.facebook.com/groups/FarmBotTUG

服務型機器人聯盟 - https://www.facebook.com/servicerobotalliance/

由於開源程式碼可以自由使用的特性，目前 ROS 系統架構被廣泛應用於機器人研究開發相關領域，與以往封閉式的機器人系統比較，相對具有容易使用、容易改寫、容易安裝、容易維護的特點，更重要的是有一群志同道合夥伴的陪同，並能夠分享開發成果彼此精進。隨著 ROS 在社群上不斷的蓬勃發展，於 2012 年 5 月開源機器人基金會（OSRF）發起了第一屆 ROS 開發者大會（ROSCon），並一直持續至今日。

2.2.2 開放原始碼

由於開源程式的特性，ROS 的程式碼是公開發佈的，可以在網路世界中搜尋下載，這也促使了 ROS 系統可以不斷的被測試、調整、修正及維護，因而匯集了全世界的開發貢獻。ROS 的官方參考資料及程式碼下載可以參考：

https://wiki.ros.org/

http://wiki.ros.org/ROS/Tutorials/

https://docs.ros.org/en/foxy/

https://github.com/ros2/ros2_documentation/

https://github.com/ros2/

https://github.com/ros/

然而 ROS 不是一個已經完整開發可以直接使用的套裝軟體環境，還需要加工調整達到預期的功能。開發者或使用者需要具備相當的 ROS 系統架構相關知識背景，進行實際的產品開發或應用擴展時，可能還需於系統軟體上進行重構與優化等的二次開發，以達到上市商品的水準，這些痛點墊高了開發者或使用者的進入障礙，表 2.2 顯示開發環境優缺點。

表 2.2　ROS 開發環境優缺點

優點	缺點
提供框架、工具和功能	即時性能有限
方便移植	系統穩定性需再提升
社群支援龐大	安全防護措施問題
免費開源	Linux 使用環境

ROS 遵循 BSD 授權協議，也就是說允許各種商業和非商業的使用進行開發，屬於免費的開源軟體。這也是開源程式的特性，給了所有開發者很大的自由，使用者可以自由的下載及使用程式碼，可以根據不同的使用需求進行改寫與重製，縮短開發時程與花費。

2.2.3 多重開發語言支援

通常在寫程式的時候，大多數的人都會習慣採用某一種熟悉的程式語言，為了能夠匯集全世界開發成員的能量，讓參與者可以使用偏好或是擅長的程式語言，因而 ROS 被設計成可以採用多種程式語言開發的框架結構。ROS 目前已支持許多種不同的語言，例如常見的 C++、Python、Java、Lisp 等等，未來或許還可能實現更多樣程式語言的支援。ROS 可以讓開發者可以採用不同程式語言開發的背後，就是採用一致的訊息結構傳遞資訊，這樣的通訊傳遞方式就能夠快速地分享開發成果，增加彼此交流的機會。

◇ 2.3 ROS 從 1.0 到 2.0

自從 2007 年開始，ROS 第一代系統（ROS1）經過十多年的發展，不少開發者和研究機構針對架構提出了改良方案，但是這些方案難以為整體性能帶來提升，於是在 2014 年 ROSCon 正式發佈了 ROS 的第二代系統（ROS2）的設計構想，新技術和新概念的應用及整體架構的調整被提出，期望在綜合性能上有更好的表現。圖 2.6 顯示 ROS2 的主要目標，同時這也是 ROS1 當前開發應用上存在已久的問題 [8]。

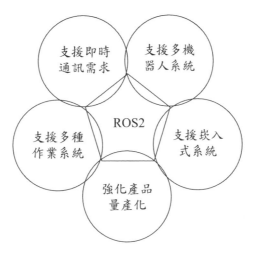

▲ 圖 2.6　ROS2 目標

ROS1 主要構建於 Linux 系統之上，**ROS2** 支持構建的系統包括 Linux、Windows、Mac 及 RTOS，這樣改變符合目前主流的使用習慣，以及建構出多樣化的開發環境。圖 2.7 顯示左邊的 ROS1 與右邊的 ROS2 有幾個相異系統架構之處。ROS1 需要先建立 Master Node 然後才能掛載其他的 Node，所以當 Master Node 發生問題，其他的 Node 也會受影響。右邊的 ROS2 為了能夠改善這一個問題，採用 **DDS** 方式建構通訊架構，同時也建立 DDS 的抽象層，進行開發應用時就可以不用在意 DDS 實際的運作情形，可以依使用需求採用不同公司開發的 DDS。在通訊部分 Nodelet 與 Intra process 兩個模組的調整，ROS1 的架構中 **Nodelet** 是負責通訊功能，提供資料能夠進行非序列傳輸；ROS2 的 **Intra process** 提供一種不同的資料傳輸模式，採用共享記憶體的方式，讓本地的資料溝通可以不採用 DDS 方式進行傳輸，這樣可以縮短傳輸延遲時間。

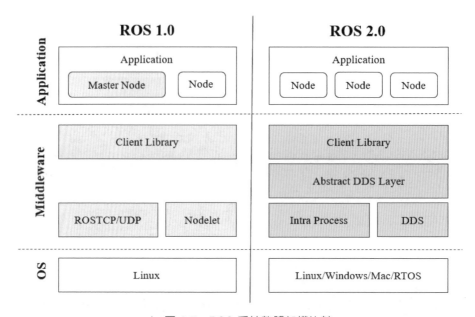

▲ 圖 2.7　ROS 系統整體架構比較

ROS1 歷經了超過 10 年的發展，積累了非常豐富且穩定的功能集合、工具集還有非常完整的線上教學內容，隨著 ROS2 愈來愈多人採用與進行開發，ROS1 最後會因相容性問題在未來逐步被淘汰，ROS2 想必會成為開發主流。

ROS2 改進了上述 ROS1 無法即時溝通的傳輸機制弱點，ROS2 的發展採用了資料分發服務技術（DDS），導入 DDS 中介層，那麼 DDS 主要功能到底是什麼？

2.3.1 DDS 是什麼

數據分發服務（**Data Distribution Service**）簡稱 **DDS**，並不是一個很新的技術概念，大概在十幾年前就已經在使用，目前已經有許多大型的控制系統都已導入 DDS 的使用，這些案例使得採用 DDS 設計的穩定性得到實例證實,已經被應用的領域包含火車控制、金融系統、航太系統、國防、民航及工業控制等。

DDS 的規格是由物件管理群組(**Object Management Group**,OMG)制定建立起來的一個標準,於 2004 年正式對外發佈,用於建置分散式即時系統,尤其是對巨量資料交換方面有應用的需求,提供即時、簡單、可靠、高效率的資料交換模式,成為分散式即時系統中數據訂閱與發佈的標準方案。

各種標準都是起源於需求,原先是希望軟體可以透過中介層彼此連結溝通,一群有相似需求的中介層軟體開發公司,漸漸地整合起來形成一套標準,所以 DDS 規格的演進相當符合實際使用上的需要,並將 API 標準化,長期以來以實際需求來做為演進的依據,以滿足使用者的需求為目標。

DDS 不是以主從架構為基礎,而是支援一對多或多對多之間的訊息溝通,使用訂閱與發佈方式進行通訊,並以資料根本需求為中心出發,而不是以訊息通訊 API 主導,DDS 核心就是訂閱與發佈(Data-Centric Publish-Subscribe,DCPS)的概念,所有的應用程式都可以去使用所建構的共用資料空間(Common Data Space)。圖 2.8 顯示在 DDS 架構概念下,每一個訂閱或發佈參與者都可以讀寫這一個共用資料空間。

目前以業界標準較著名的版本有 RTI 的 Connext,ADLINK 的 OpenSplice 與 Eclipse 的 Cyclone DDS。另外尚有 **DDSI-RTPS** 是 DDS 用於透過網路進行通訊的協議,在不能提供完整 DDS API 的情形下,但是可以滿足最少功能的簡單版本,可以當作為精簡版的 DDS,其功能目前仍然可以滿足 ROS2 的使用需求而被採用,目前較著名的為 eProsima 的 Fast RTPS。

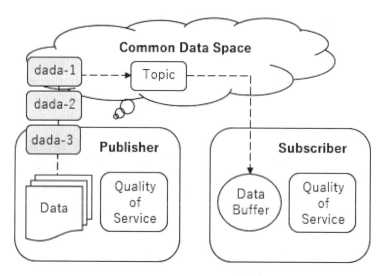

▲ 圖 2.8 DDS 的資料傳輸模型

DDS 是基於 UDP 傳輸協議來實作，所以不必太過依賴穩定的網路來進行資料傳輸，這樣的好處是 DDS 較容易被移植到不同裝置上。不過 DDS 需要以軟體方式建立控制機制，確保傳輸的資料沒有遺漏的問題。實作中可以藉由 **Quality of Service（QoS）**參數來控制，決定所需要的穩定性，讓使用者可以彈性地控制調整傳輸品質需求及行為。如果程式執行時即時需求較高，需要考慮克服延遲的狀況，可以將 DDS 設定使用 UDP 協議來傳輸；如果考量需要正確可靠地傳送資料，就可以透過 QoS 參數來調整所需求的行為。

ROS2 支援多種的 DDS/RTPS 同時被載入，進行採用選擇時會考慮許多因素，若需要考量可用性、效能、安全認證或後勤支援等，可以採用多個 DDS/RTPS 來滿足不同的需求。因此供應商可以為各種需求目的，開發出不同的變型版本，符合不同的使用需求。

◇ **2.4 建構實驗環境**

本書除了前面部份章節在原理、概念上進行說明，後面部份章節則是透過由基礎到進階的實驗操作，期望讀者可以學習到自走車的自主導航與建圖相關的技術能力。實驗部份章節需要事先準備好實驗所需的設備與器材：

- Turtlebot3 Burger 一部，電池可以多準備幾個。
- 可連網的電腦一部。
- 區域無線網路。
- 巧拼（至少 40 片）。

2.4.1 Turtlebot3 Burger

如圖 2.9 顯示，**TurtleBot 3 Burger** 是一款小巧，價格大約不到新台幣兩萬五的 ROS-based 移動式機器人載具，可用於教育、研究，或是產品原型的開發設計，甚至是業餘愛好應用。當時開發 TurtleBot 的目標是希望不用大幅減少功能的前提下，盡量縮小設備尺寸並降低售價，所以採用具有經濟效益的單板電腦與感測器，同時又能夠提供性能擴充的需求，採用容易拆解與組裝的底盤設計，開發者可以採用 3D 列表機列印零組件進行組合改裝，或是將機件以重構方式重新組裝，因此本書實驗採用 TurtleBot 3 Burger。

TurtleBot 3 Burger 是一個學習 ROS 所需要的實驗平台，同時也是一個具有經濟效益的選擇，相當適合教學實驗方面的使用需求，同時隨著 ROS-based 逐漸被接受，投入開發的廠商也會日益增加，可以直接套用的相關零組件與配件也會愈來愈多。

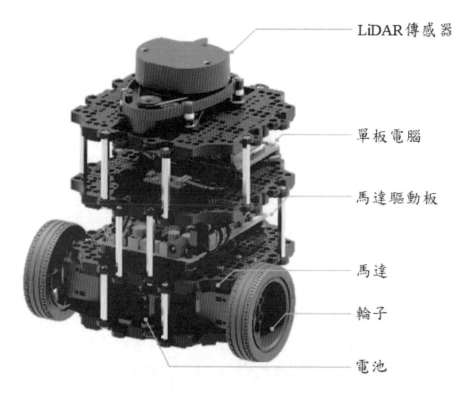

LiDAR傳感器

單板電腦

馬達驅動板

馬達

輪子

電池

▲ 圖 2.9　Turtlebot 3 Burger 硬體配置
（CC BY-4.0 by https://www.turtlebot.com/）

Turtlebot3 Burger 的組合機件有底盤、馬達、輪子、驅動板、**單板電腦**
（**Raspberry Pi3**）、LiDAR 感測器及電池，是一個採用兩輪差速驅動方
式移動的移動式機器人，表 2.3 顯示其硬體規格：

表 2.3　Turtlebot3 Burger 硬體規格

最大直行速度	0.22 m/s
最大旋轉速度	2.84 rad/s
最大載重	15 kg
尺寸（長 x 寬 x 高）	138mm × 178mm × 192mm
整機重量	1 公斤
爬坡高度	10 mm 以下
單板電腦	Raspberry Pi3 Model B
雷射測距感測器	LDS-01
續航時間	2.5 小時
電源消耗	3.3V / 800mA 5V / 4A 12V / 1A
電池	11.1V 1800mAh / 19.98Wh

▲（CC BY-4.0 by https://www.turtlebot.com/）

Turtlebot3 Burger 無人自走車實驗平台的主要優點有 [11]：

■ **迷你尺寸**

外部尺寸為 138mm×178mm×192mm（長 × 寬 × 高），圖 2.10 顯示迴轉餘裕規格為 10.5 公分，可以方便於攜帶與實驗進行。

■ **ROS 規格標準**

可以裝載 ROS1 或是 ROS2 系統，這兩個都由 OSRF 所維護、開發和管理，時至今日已成為愛好者與開發者的首選實驗平台。

■ 具備擴充性

TurtleBot3 Burger 是一個兩輪差速驅動型平台，可以方便進行結構及機械方面的改裝，如汽車、自行車、拖車等。

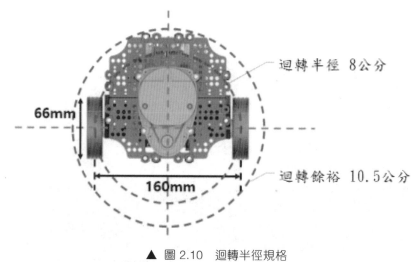

66mm

迴轉半徑 8公分

迴轉餘裕 10.5公分

160mm

▲ 圖 2.10　迴轉半徑規格

（CC BY-4.0 by https://www.turtlebot.com/）

■ 多樣化的感測器支援

任何支援 ROS 系統架構的感測器都可十分容易裝載及使用，輕鬆地與 ROS-based 的組件整合。

■ 原始碼開放精神

TurtleBot3 的硬體、韌體和軟體在開源精神許可下是完全開放，採用 Apache 2.0 授權是具備讓使用者自由利用程式的精神，原始碼可以自由下載及修改和共享。組合機件可以採用射出成型塑膠製造，或是採用 3D 列印方式重製。

2.4.2　馬達驅動板韌體更新

本書中的實驗是建立於 ROS2 系統架構，除了需要先準備好無人自走車硬體實驗平台外，軟體部分也需要事先準備好，可分為兩部分建立分別是單板電腦（**Raspberry Pi3**）的 ROS2 系統安裝及設置，以及馬達驅動板的韌體更新。

官方網站上介紹**馬達驅動板**是基於完全開源的方式進行開發，採用 STM32F7 系列晶片進行開發，屬於 ARM Cortex-M7 架構，韌體的開發環境可以採用 Arduino IDE 或是 Scratch，命名為 OpenCR 的嵌入式的馬達驅動板，最原始是基於 ROS1 系統架構進行設計，所以需要韌體的更新才可使用於本書的無人自走車實驗平台。

由於 ROS2 系統架構的不同，需要導入 ros2arduino 函式庫才能建立與馬達驅動板的連結 [12]，圖 2.11 顯示採用 **Micro XRCE-DDS** 開源的橋接架構進行連結，讓馬達驅動板（**XRCE Client**）也可以與單板電腦（**XRCE Agent**）溝通，採用客戶端 / 伺服器（Client-Server）結構讓資源有限的小型裝置（**eXtremely Resource Constrained Environments**）使用有限的資源也能夠參與 DDS 通訊，所以馬達驅動板的韌體也需要有相對應的修改才能夠配合單板電腦所採用的 ROS2 系統，因此馬達驅動板的韌體是需要更新的。

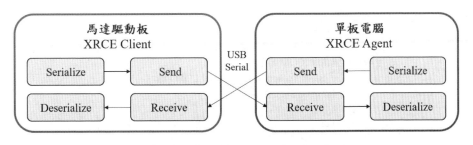

▲ 圖 2.11　馬達驅動板與單板電腦的溝通

可於下列網址下載最新版本的更新套件進行韌體更新，套件為壓縮檔格式檔案 opencr_update.tar.bz2，需要解壓縮後才能進行更新，可以參考壓縮檔內 README.md 檔案內的使用方式。

https://github.com/ROBOTIS-GIT/OpenCR-Binaries/raw/master/turtlebot3/ROS2

開始更新韌體前，依據電腦的作業系統不同可能需要安裝 STM32 Virtual COM Port 的驅動程式，目的是讓電腦可以正確識別馬達驅動板。驅動程式可以在以下網址下載最新的版本，圖 2.12 與圖 2.13 分別顯示作業系統裝置管理員在驅動程式尚未安裝前，與正確安裝驅動程式後所顯示畫面。

https://www.st.com/en/development-tools/stsw-stm32102.html

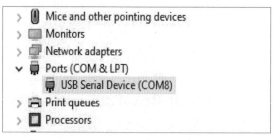

▲ 圖 2.12　確認連接埠

▲ 圖 2.13　安裝驅動程式的連接埠

用來更新韌體的電腦，在裝載驅動程式並連結上馬達驅動板後，需要
確認馬達驅動板佔用哪一個 COM port（圖 2.13 顯示為 COM3），打開
Windows 的命令視窗並輸入以下指令，即可開始更新馬達驅動板的韌
體，如圖 2.14 顯示畫面出現。

update.bat COM3 burger.opencr

```
C:\Users\opencr_update>update.bat COM3 burger.opencr
"OpenCR Update Start (WINDOWS)"

opencr_ld_shell ver 1.0.0
opencr_ld_main
[   ] file name          : burger.opencr
[   ] file size          : 127 KB
[   ] fw_name            : burger
[   ] fw_ver             : V190829R3
[OK] Open port           : COM3
[   ]
[   ] Board Name          : OpenCR R1.0
[   ] Board Ver           : 0×17020800
[   ] Board Rev           : 0×00000000
[OK] flash_erase          : 1.11s
[OK] flash_write          : 0.80s
[OK] CRC Check            : CBBCC4 CBBCC4 , 0.000000 sec
[OK] Download
[OK] jump_to_fw
```

▲ 圖 2.14　馬達驅動板韌體更新畫面

韌體更新完成後，圖 2.15 顯示可以使用馬達驅動板上的〔PUSH SW1〕
和〔PUSH SW2〕按鈕確認韌體更新是否沒問題及組裝狀況，將電池
接上然後打開 OpenCR 的電源開關，按住〔PUSH SW1〕5 秒後放開，
Turtlebolt3 Burger 會往前移動大約 30 公分，或是按住〔PUSH SW2〕5
秒後放開，將會進行旋轉大約 180 度的動作。

▲ 圖 2.15　OpenCR 測試按鈕

2.4.3 單板電腦 ROS2 安裝設置

由於**單板電腦**（Raspberry Pi3）的 ROS2 操作環境建立，所採用的方式是由安裝 Ubuntu 20.04 開始，再逐步安裝及設置 ROS2 Foxy 系統 [13] 及相關的套件，這是一個需要花費時間操作的過程，可以藉由這個過程學習到 Ubuntu 與 ROS2 相關套件的下載、安裝與設置，這與平常使用的 Windows 系統有不同的嘗試，相關部分還可以參考網路上的討論區，應當會對 Ubuntu 的操作有更多的了解。進行以下步驟需要準備一個具備 HDMI 介面的外接螢幕、鍵盤與滑鼠，另外還需要網路的環境才可以下載相關套件，需要注意的是要準備容量至少 8G bytes 的 Micro SD 卡。

2.4.3.1 將系統刷進 Micro SD 卡

首先，需要準備好 Ubuntu Server 20.04 映像檔，可以自行搜尋可以下載的地方，或是在 Ubuntu 的官方網站下載。

http://cdimage.ubuntu.com/ubuntu-server/focal/daily-preinstalled/current/

原則上下載當前最新版本的映像檔（目前最新版本為 20.04.2.0），並且選取 ARM64（64-bit ARM）架構的映像檔，才可以適用於實驗平台的單板電腦（Raspberry Pi3）。下列為本書實驗平台的單板電腦所安裝的映像檔版本。

focal-preinstalled-server-arm64+raspi.img.xz

接著需要準備將映像檔裝載進 Micro SD 卡的工具，目前有不少類似的工具可以使用，但是 Etcher 相對簡單易用，讓 SD 卡準備工作更容易成功，並支援 Windows、macOS、Linux，可以在以下官方網站（圖2.16）下載到最新的版本。

https://www.balena.io/etcher/

▲ 圖 2.16　Etcher 官方網站

需要將剛剛下載的映像檔解壓縮，可以採用 7-zip 或是類似的解壓縮工具，解壓縮後的檔名為 focal-preinstalled-server-arm64+raspi.img，並插入 Micro SD 卡。打開 Etcher 後的畫面如圖 2.17，再來只需要選擇剛剛解壓縮後的映像檔，以及要裝載的 Micro SD 卡。

▲ 圖 2.17　選擇映像檔

選擇剛剛解壓縮後的映像檔，以及要裝載的 Micro SD 卡後，會出現圖 2.18 的畫面，接著按下 Flash! 按鈕就開始進行映像檔裝載到 Micro SD 卡的程序。

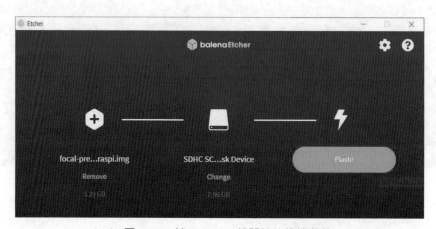

▲ 圖 2.18　按下 Finish 就開始映像檔裝載

開始進行映像檔裝載程序，過程如圖 2.19、圖 2.20、圖 2.21 顯示，如果所有程序都成功（圖 2.22），將單板電腦（Raspberry Pi3）連接外接螢幕、鍵盤與滑鼠，並插入 Micro SD 卡，連接電源開機就可以看到 Ubuntu 20.04 的登入畫面並無需等待，預設的使用者名稱及密碼都是 ubuntu，第一次登入會被要求更改密碼，輸入後即可登入到 Ubuntu 20.04 的操作環境，接下來就可以進行 ROS2 Foxy 系統的安裝及設置。

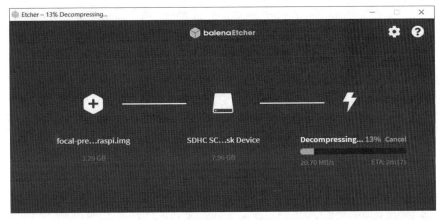

▲ 圖 2.19　程序一

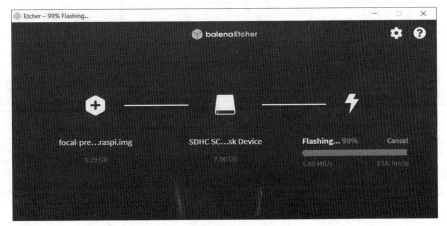

▲ 圖 2.20　程序二

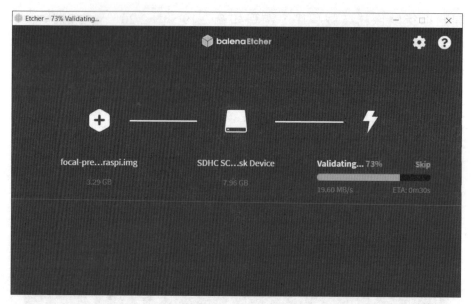

▲ 圖 2.21　程序三

▲ 圖 2.22　映像檔裝載成功

2.4.3.2 ROS2 系統安裝設置

這裡開始需要進入單板電腦的 Ubuntu 系統，並進行以下步驟輸入指令設置作業環境，所以有 HDMI 功能的外接螢幕、鍵盤與滑鼠會方便一些。

1. 打開並編輯 20auto-upgrades ，用來關閉自動更新功能。

```
$ sudo nano /etc/apt/apt.conf.d/20auto-upgrades
```

接著修改為以下項目設定為 0。

```
APT::Periodic::Update-Package-Lists "0";
APT::Periodic::Unattended-Upgrade "0";
```

2. 打開並編輯 50-cloud-init.yaml，設定無線網路的登入帳號與密碼。

```
$ sudo nano /etc/netplan/50-cloud-init.yaml
```

接著修改無線網路的登入帳號與密碼。

```
network:
    ethernets:
        eth0:
            dhcp4: true
            optional: true
    version: 2
    renderer: networkd
    wifis:
        wlan0:
            dhcp4: true
            optional: true
            access-points:
                登入帳號:
                    password:   登入密碼
```

完成後輸入以下指令就會重新載入設定並重開機。

```
$ sudo netplan apply
$ reboot
```

3. 輸入以下指令，關閉開機時需要等待網路連線成功才繼續開機程序，
以及關閉自動休眠的功能。

```
$ systemctl mask systemd-networkd-wait-online.service
$ sudo systemctl mask sleep.target suspend.target hibernate.target
```

4. 輸入以下指令設定 1G bytes 虛擬記憶體，用來加快程式執行速度，也
可以不作設定。

```
$ sudo swapoff /swapfile
$ sudo fallocate -l 1G /swapfile
$ sudo chmod 600 /swapfile
$ sudo mkswap /swapfile
$ sudo swapon /swapfile
$ sudo nano /etc/fstab
```

打開並編輯 /etc/fstab 檔案，於檔案最後加入以下設定。

```
/swapfile          swap                 swap    defaults    0    0
```

5. 安裝 SSH 遠端登入軟體，並下載作業系統的更新檔案。

```
$ sudo apt install ssh
$ sudo systemctl enable --now ssh
$ sudo apt update && sudo apt upgrade
$ reboot
```

6. 設定使用環境的語系為 en_US.UTF-8。

```
$ sudo locale-gen en_US en_US.UTF-8
$ sudo update-locale LC_ALL=en_US.UTF-8 LANG=en_US.UTF-8
```

```
$ export LANG=en_US.UTF-8
```

接著進行以下步驟，下載及設置 ROS2 Foxy[13] 以及建立 Turtlebot3 Burger 驅動環境。這些步驟是為了準備 ROS2 系統的安裝環境，執行以下步驟後就完成了單板電腦部分的系統設置，以及具有控制 Turtlebot3 Burger 的功能。

1. 進入單板電腦的 Ubuntu 系統，並輸入以下指令安裝 ROS2 Foxy 系統軟體於單板電腦。

```
$ sudo apt install curl gnupg2 lsb-release
$ sudo apt install python3-argcomplete python3-colcon-common-extensions
libboost-system-dev build-essential
$ curl -s https://raw.githubusercontent.com/ros/rosdistro/master/ros.asc |
sudo apt-key add -
$ sudo sh -c 'echo "deb [arch=$(dpkg --print-architecture)] http://
packages.ros.org/ros2/ubuntu $(lsb_release -cs) main" > /etc/apt/sources.
list.d/ros2-latest.list'
$ sudo apt update
$ sudo apt install ros-foxy-ros-base
```

2. 輸入以下指令安裝 Turtlebot3 驅動軟體檔案。

```
$ sudo apt install ros-foxy-hls-lfcd-lds-driver
$ sudo apt install ros-foxy-turtlebot3
$ sudo apt install ros-foxy-turtlebot3-msgs
$ sudo apt install ros-foxy-dynamixel-sdk
```

3. 設置環境變數。

```
$ echo 'source /opt/ros/foxy/setup.bash' >> ~/.bashrc
$ echo 'export ROS_DOMAIN_ID=30 #TURTLEBOT3' >> ~/.bashrc
$ echo 'TURTLEBOT3_MODEL=burger' >> ~/.bashrc
$ source ~/.bashrc
```

ROS_DOMAIN_ID 可以當作是 ROS2 網域的識別碼，可以設定其為任意數值，稍後所使用的 MATLAB® 程式碼也需要給定相同的設定值，才能後相互識別。

TURTLEBOT3_MODEL 需要給定所使用實驗平台的型號，自走車實驗採用 burger 作為實驗平台。

更詳細的安裝步驟，可以參考 Turtlebot3 的官方網站或是 ROS 官方網站上的説明。

https://emanual.robotis.com/docs/en/platform/turtlebot3/sbc_setup/#sbc-setup

https://docs.ros.org/en/foxy/Installation/Ubuntu-Install-Debians.html

2.5 ROS 基本操作

完成 Turtlebot3 Burger 上位機的單板電腦 ROS2 Foxy 系統設置後，就已經建立了無人自走車實驗平台的驅動環境，具有操作控制自走車實驗平台的功能。在連接外接螢幕、鍵盤與滑鼠以及電源後開機，輸入帳號與密碼後，進入單板電腦的 Ubuntu 系統操作環境。

於 Ubuntu 系統文字操作環境，輸入以下指令可以初始化 Turtlebot3 Burger，並將系統掛載到 ROS2 網域，讓在相同 ROS2 網域的其他裝置可以相互識別。

```
$ ros2 launch turtlebot3_bringup robot.launch.py
```

輸入指令會有一連串啟動狀態的訊息文字輸出，最後應該可以看到與
圖 2.23 所顯示的畫面，那就代表系統已經初始化並掛載成功，可以識
別到其他掛載於相同網域的裝置，接著可以進行自走車實驗平台的單
機實驗。

同時按下 Ctrl-Alt-F2 後，會出現並進入另一個 Ubuntu 的操作環境，
輸入帳號與密碼登入後，輸入以下指令可以列出掛載於 ROS2 網域的
node，觀察目前有掛載的裝置。

```
$ ros2 note list
```

```
[turtlebot3_ros-3] [INFO] [1619789685.413756695] [turtlebot3_node]: Init TurtleBot3 No
de Main
[turtlebot3_ros-3] [INFO] [1619789685.414583622] [turtlebot3_node]: Init DynamixelSDKW
rapper
[turtlebot3_ros-3] [INFO] [1619789685.419393205] [DynamixelSDKWrapper]: Succeeded to o
pen the port(/dev/ttyACM0)!
[turtlebot3_ros-3] [INFO] [1619789685.427385341] [DynamixelSDKWrapper]: Succeeded to c
hange the baudrate!
[turtlebot3_ros-3] [INFO] [1619789685.463443518] [turtlebot3_node]: Start Calibration
of Gyro
[turtlebot3_ros-3] [INFO] [1619789690.463897526] [turtlebot3_node]: Calibration End
[turtlebot3_ros-3] [INFO] [1619789690.464173828] [turtlebot3_node]: Add Motors
[turtlebot3_ros-3] [INFO] [1619789690.466424870] [turtlebot3_node]: Add Wheels
[turtlebot3_ros-3] [INFO] [1619789690.467359505] [turtlebot3_node]: Add Sensors
[turtlebot3_ros-3] [INFO] [1619789690.479762005] [turtlebot3_node]: Succeeded to creat
e battery state publisher
[turtlebot3_ros-3] [INFO] [1619789690.485349662] [turtlebot3_node]: Succeeded to creat
e imu publisher
[turtlebot3_ros-3] [INFO] [1619789690.489578203] [turtlebot3_node]: Succeeded to creat
e sensor state publisher
[turtlebot3_ros-3] [INFO] [1619789690.492725495] [turtlebot3_node]: Succeeded to creat
e joint state publisher
[turtlebot3_ros-3] [INFO] [1619789690.492985182] [turtlebot3_node]: Add Devices
[turtlebot3_ros-3] [INFO] [1619789690.493080651] [turtlebot3_node]: Succeeded to creat
e motor power server
[turtlebot3_ros-3] [INFO] [1619789690.497500807] [turtlebot3_node]: Succeeded to creat
e reset server
[turtlebot3_ros-3] [INFO] [1619789690.502383307] [turtlebot3_node]: Succeeded to creat
e sound server
[turtlebot3_ros-3] [INFO] [1619789690.506022839] [turtlebot3_node]: Run!
[turtlebot3_ros-3] [INFO] [1619789690.564160234] [diff_drive_controller]: Init Odometry
[turtlebot3_ros-3] [INFO] [1619789690.580774453] [diff_drive_controller]: Run!
```

▲ 圖 2.23　Turtlebot3 Burger 起始化輸出畫面

圖 2.24 顯示當前於 ROS2 網域可以被識別的 node，因為目前只有 Turtlebot3 Burger 被掛載，這些都是初始化後所產生，可以經由檢查這些 node 判斷哪些裝置可能是有問題。

```
ubuntu@ubuntu:~$ ros2 node list
/diff_drive_controller
/hlds_laser_publisher
/robot_state_publisher
/turtlebot3_node
```

▲ 圖 2.24　ros2 note list

接著輸入以下指令察看 /turtlebot3_node 這個 node 的資訊。

```
$ ros2 node info /turtlebot3_node
```

圖 2.25 顯示眾多關於 /turtlebot3_node 這個 node 的資訊，訂閱與發佈在自走車實驗中有多處使用，訂閱部分可以查詢 Subscribers 下列表的資訊，代表 /turtlebot3_node 需要輸入來自這些 topic 的訊息，例如 topic /cmd_vel，及其使用的訊息格式為 geometry_msgs/msg/Twist 這個 message type。發佈部分可以查詢 Publishers 下列表的資訊，代表 / turtlebot3_node 會輸出資訊到這些 topic，例如 topic /sensor_state，及其使用的訊息格式為 turtlebot3_msgs/msg/SensorState 這個 message type。服務（Service）與動作（Action）於自走車實驗中沒有使用，如果有想要了解其內容可以查詢以下連結。

https://docs.ros.org/en/foxy/Tutorials/Services/Understanding-ROS2-Services.html

https://docs.ros.org/en/foxy/Tutorials/Understanding-ROS2-Actions.html

```
ubuntu@ubuntu:~$ ros2 node info /turtlebot3_node
/turtlebot3_node
  Subscribers:
    /cmd_vel: geometry_msgs/msg/Twist
    /parameter_events: rcl_interfaces/msg/ParameterEvent
  Publishers:
    /battery_state: sensor_msgs/msg/BatteryState
    /imu: sensor_msgs/msg/Imu
    /joint_states: sensor_msgs/msg/JointState
    /magnetic_field: sensor_msgs/msg/MagneticField
    /parameter_events: rcl_interfaces/msg/ParameterEvent
    /rosout: rcl_interfaces/msg/Log
    /sensor_state: turtlebot3_msgs/msg/SensorState
  Service Servers:
    /motor_power: std_srvs/srv/SetBool
    /reset: std_srvs/srv/Trigger
    /sound: turtlebot3_msgs/srv/Sound
    /turtlebot3_node/describe_parameters: rcl_interfaces/srv/DescribeParameters
    /turtlebot3_node/get_parameter_types: rcl_interfaces/srv/GetParameterTypes
    /turtlebot3_node/get_parameters: rcl_interfaces/srv/GetParameters
    /turtlebot3_node/list_parameters: rcl_interfaces/srv/ListParameters
    /turtlebot3_node/set_parameters: rcl_interfaces/srv/SetParameters
    /turtlebot3_node/set_parameters_atomically: rcl_interfaces/srv/SetParametersAtomically
  Service Clients:
    /turtlebot3_node/describe_parameters: rcl_interfaces/srv/DescribeParameters
    /turtlebot3_node/get_parameter_types: rcl_interfaces/srv/GetParameterTypes
    /turtlebot3_node/get_parameters: rcl_interfaces/srv/GetParameters
    /turtlebot3_node/list_parameters: rcl_interfaces/srv/ListParameters
    /turtlebot3_node/set_parameters: rcl_interfaces/srv/SetParameters
    /turtlebot3_node/set_parameters_atomically: rcl_interfaces/srv/SetParametersAtomically
  Action Servers:

  Action Clients:
```

▲ 圖 2.25　ros2 node info /turtlebot3_node

輸入以下指令可以列出掛載於 ROS2 網域的 topic，觀察目前所要使用的 topic 有沒有正確掛載，如果沒有就需要檢查及排除問題。

```
$ ros2 topic list
```

圖 2.26 顯示當前於 ROS2 網域可以被識別的 topic，目前只有初始化並掛載 Turtlebot3 Burger，經由這些所產生的 topic，就可以判斷實驗平台

的哪些部分需要再做檢查。/cmd_vel、/odom、/scan 這幾個 topic 是自走車實驗會用來作為資料溝通使用,必須要正確掛載。

```
ubuntu@ubuntu:~$ ros2 topic list
/battery_state
/cmd_vel
/imu
/joint_states
/magnetic_field
/odom
/parameter_events
/robot_description
/rosout
/scan
/sensor_state
/tf
/tf_static
```

▲ 圖 2.26　ros2 topic list

接著嘗試輸入以下指令察看 /cmd_vel 這個 topic 的資訊。

```
$ ros2 topic info /cmd_vel
```

圖 2.27 顯 示 topic /cmd_vel 所 使 用 的 訊 息 格 式(message type) 為 geometry_msgs/msg/Twist,主要是用於傳遞速度指令到驅動模組。

```
ubuntu@ubuntu:~$ ros2 topic info /cmd_vel
Type: geometry_msgs/msg/Twist
Publisher count: 0
Subscription count: 1
```

▲ 圖 2.27　ros2 topic info /cmd_vel

嘗試輸入以下指令察看 geometry_msgs/Twist 這個訊息格式(message type)的訊息資料結構,了解所組成的資料類型。

```
$ ros2 interface show geometry_msgs/msg/Twist
```

圖 2.28 顯示 geometry_msgs/Twist 的資料結構包含有線速度（linear）
與角速度（angular）兩組資訊，各由 Vector3 的資料結構所組成。

```
ubuntu@ubuntu:~$ ros2 interface show geometry_msgs/msg/Twist
# This expresses velocity in free space broken into its linear and angular parts.

Vector3  linear
Vector3  angular
```

▲ 圖 2.28　ros2 interface show geometry_msgs/msg/Twist

嘗試輸入以下指令察看 /odom 這個 topic 的資訊。

```
$ ros2 topic info /odom
```

圖 2.29 顯示 topic /odom 所使用的訊息格式（message type）為 nav_
msgs/msg/Odometry，主要是用於表示自走車位置資訊。

```
ubuntu@ubuntu:~$ ros2 topic info /odom
Type: nav_msgs/msg/Odometry
Publisher count: 1
Subscription count: 0
```

▲ 圖 2.29　ros2 topic info /odom

嘗試輸入以下指令察看 nav_msgs/Odometry 這個訊息格式（message
type）的訊息資料結構並了解其所組成。

```
$ ros2 interface show nav_msgs/msg/Odometry
```

圖 2.30 顯示位置資訊 nav_msgs/Odometry 的資料結構主要包含姿態
（pose）與方位（twist）資訊，姿態（pose）部分由 X、Y、Z 座標資訊
所組成，方位（twist）由四元數分量資訊所組成。

```
ubuntu@ubuntu:~$ ros2 interface show nav_msgs/msg/Odometry
# This represents an estimate of a position and velocity in free space.
# The pose in this message should be specified in the coordinate frame given
    by header.frame_id
# The twist in this message should be specified in the coordinate frame given
    by the child_frame_id

# Includes the frame id of the pose parent.
std_msgs/Header header

# Frame id the pose points to. The twist is in this coordinate frame.
string child_frame_id

# Estimated pose that is typically relative to a fixed world frame.
geometry_msgs/PoseWithCovariance pose

# Estimated linear and angular velocity relative to child_frame_id.
geometry_msgs/TwistWithCovariance twist
```

▲ 圖 2.30　ros2 interface show nav_msgs/msg/Odometry

另外嘗試輸入以下指令察看 /scan 這個 topic 的資訊。

```
$ ros2 topic info /scan
```

圖 2.31 顯示 topic /scan 所使用的訊息格式（message type）為 sensor_msgs/msg/LaserScan，主要是用於表示自走車上的 LiDAR 感測器探測周圍環境所得到的資訊。

```
ubuntu@ubuntu:~$ ros2 topic info /scan
Type: sensor_msgs/msg/LaserScan
Publisher count: 2
Subscription count: 0
```

▲ 圖 2.31　ros2 topic info /scan

輸入以下指令察看 sensor_msgs/LaserScan 這個訊息格式（message type）的訊息資料結構並了解其資料組成。

```
$ ros2 interface show sensor_msgs/msg/LaserScan
```

圖 2.32 顯示 sensor_msgs/LaserScan 的資料結構包含數組 LiDAR 感測
器相關的資訊,其中角度(angle_min、angle_max、angle_increment)
與感測到的距離(ranges)為實驗中會使用的資訊。

```
ubuntu@ubuntu:~$ ros2 interface show sensor_msgs/msg/LaserScan
# Single scan from a planar laser range-finder
#
# If you have another ranging device with different behavior (e.g. a sonar
# array), please find or create a different message, since applications
# will make fairly laser-specific assumptions about this data

std_msgs/Header header      # timestamp in the header is the acquisition time of
                            # the first ray in the scan.
                            #
                            # in frame frame_id, angles are measured around
                            # the positive Z axis (counterclockwise, if Z is up)
                            rq# with zero angle being forward along the x axis

float32 angle_min           # start angle of the scan [rad]
float32 angle_max           # end angle of the scan [rad]
float32 angle_increment     # angular distance between measurements [rad]

float32 time_increment      # time between measurements [seconds] - if your scanner
                            # is moving, this will be used in interpolating position
                            # of 3d points
float32 scan_time           # time between scans [seconds]

float32 range_min           # minimum range value [m]
float32 range_max           # maximum range value [m]

float32[] ranges            # range data [m]
                            # (Note: values < range_min or > range_max should be discarded)
float32[] intensities       # intensity data [device-specific units].  If your
                            # device does not provide intensities, please leave
                            # the array empty.
```

▲ 圖 2.32　ros2 interface show sensor_msgs/msg/LaserScan

同時按下 Ctrl-Alt-F3 後,會出現並進入另一個 Ubuntu 操作環境,輸入
帳號與密碼登入後,可以使用以下指令嘗試以鍵盤操作的方式驅動自走
車實驗平台移動。

```
$ ros2 run turtlebot3_teleop teleop_keyboard
```

如圖 2.33 所顯示在指令輸入後首先會輸出一些文字訊息説明操作的方法，使用的鍵盤控制鍵共有五個，各別控制前進、後退、左轉、右轉這四個方向以及緊急停止。建議先以左轉、右轉作為第一次操作實驗，以原地旋轉的方式避免位移時的突發狀況，透過這個方式可以檢查所有的軟體、韌體安裝設置是否正確，以及硬體裝置是否有問題。

```
ubuntu@ubuntu:~$ ros2 run turtlebot3_teleop teleop_keyboard

Control Your TurtleBot3!
---------------------------
Moving around:
        w
   a    s    d
        x

w/x : increase/decrease linear velocity (Burger : ~ 0.22, Waffle and Waffle Pi : ~ 0.26)
a/d : increase/decrease angular velocity (Burger : ~ 2.84, Waffle and Waffle Pi : ~ 1.82)

space key, s : force stop

CTRL-C to quit
```

▲ 圖 2.33　以鍵盤驅動自走車

另外也可以嘗試於已安裝 Ubuntu 並設置好 ROS2 的遠端電腦（安裝及設置步驟可以參考 2.4.3.2 ，可以採用以下指令安裝包含有圖形化軟體工具的 ROS2 Foxy 系統軟體），將實驗用的 Turtlebot3 Burger 與安裝設置 ROS2 的遠端電腦都連接到相同網域（圖 2.34、），使用與在上位機的單板電腦上相同的指令與操作方式，進行 ROS2 操作練習。

```
$ sudo apt install ros-foxy-desktop
```

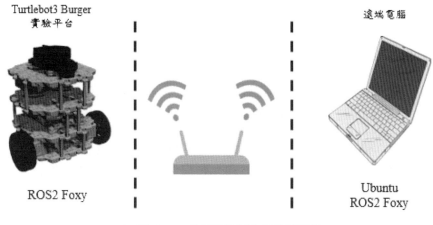

Turtlebot3 Burger
實驗平台

ROS2 Foxy

遠端電腦

Ubuntu
ROS2 Foxy

▲ 圖 2.34　佈署實驗平台與遠端電腦

◇ **2.6 小結**

- ROS 對於機器人相關應用能夠快速發展，可說是居功厥偉，最原始是由學校實驗室開始發展，並歷經多年的發展與改革。ROS 系統框架在目前已被廣泛應用於機器人及其相關領域的設計、研發與製造，以及學術研究領域。

- ROS（Robot Operating System）是專為機器人開發所設計的軟體架構，屬於開源軟體。

- ROS 系統發展的理念是避免重複開發相同功能的軟體元件，讓機器人的設計開發可以不需從頭做起，而能站在前人的肩膀（經驗）上再往上發展。

- ROS 系統框架的基礎概念就是 Node、Message、Topic，Node 為一個可執行程式 ROS 的基礎元件，Topic 為資料通訊的主題，Node 與 Topic 之間以 Message 傳遞進行溝通。

- ROS 基於訊息傳遞的分散式系統架構，可以採用網路作為媒介進行連結溝通，並於不同電腦模組進行運算處理。

- ROS 2.0 優化了傳輸機制無法即時溝通的弱點，採用了資料分發服務技術（DDS），導入 DDS 中介層滿足對於即時通訊方面的需求。

- 建構 ROS2 系架構的無人自走車實驗平台，需要進行更新的軟體部分，包含單板電腦（Raspberry Pi3）的 ROS2 系統安裝及設置，以及馬達驅動板的韌體更新。

- 本書建立實驗平台的 ROS2 操作環境，採用的方式是由安裝 Ubuntu 20.04 開始，再安裝及設置 ROS2 Foxy 系統及相關的套件。

- ROS_DOMAIN_ID 可以設定為其任意數值，作為 ROS2 網域的識別碼，想要掛載到相同網域的任何裝置，需要採用相同的設定值才能後相互識別。

- ros2 launch turtlebot3_bringup robot.launch.py 為自走車實驗平台的初始化及掛載指令，進行實驗或測試前需要先執行。

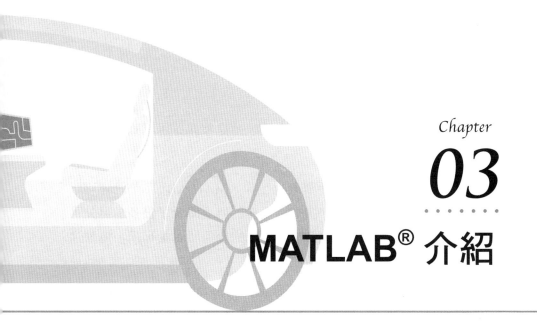

MATLAB® 介紹

MATLAB® 是『MATrix LABoratory』的縮寫，就是矩陣實驗室的意思，為 MathWorks® 公司發行的商業數學軟體，主要功能為數值分析、矩陣計算、科學資料圖形化，以及非線性動態系統的建模和模擬等多項強大功能集成在一個易於使用的視窗環境中，包括 MATLAB® 和 Simulink® 兩大部分。本書採用讓讀者可以先使用 Simulink® 的圖形介面熟悉系統操作後，再編寫 MATLAB® 程式碼的方式進行實驗操作。

▲ 圖 3.1　MathWorks® Logo

MATLAB® 具有整合的程式編輯撰寫及除錯監控環境，並具有強大的數值分析處理能力、視覺化圖形介面、簡單直覺的語法和許多成熟的演算法整合等豐富功能，可以加速開發進度與工作的流暢度，所以被廣泛應用於工程與科學研發及相關學科的教學 [6]。尤其對數值計算的領域提供了一個整合的解決方案，這是單獨採用程式語言開發難以達到的程度。

建立模擬實驗模型是一項複雜而繁瑣的工作，MATLAB® 目前已經可以提供豐富的工具輔助模型建立，讓這項工作的難度降低了很多。另外可以藉由 CAD 資料的導入功能建立機械結構的幾何和質量資訊，這對建立一個實際的物理模型相當有幫助。

採用 MATLAB® 學習的重點在於，程式的執行結果才是重要的，程式碼只是產生結果的工具，工具的使用是愈簡單越好，才能夠節省開發時間，所以編輯的效率才是需要重視的，執行效率反而是次要的。MATLAB® 的開發初衷，要將各種科學應用相關的功能整合在一起，形成一套完整的系統流程工具，減少程式開發時間，讓使用者可以更加專注於原本想要進行的設計開發工作上。

本章節介紹 MATLAB® 軟體，説明吸引工程學系學生使用的原因及優點，這也是本書選擇用 MATLAB® 來開發無人自走車自主導航控制系統的原因，並且介紹實驗中會用到的相關工具庫（Toolbox）。

◇ 3.1 MATLAB® 與程式語言比較

在常聽到的程式語言當中，以 C 語言的發展與使用最為歷史悠久，能夠在各種平台上開發與使用。圖 3.2 顯示的 C 語言是在 1970 年代被發展出來，是為了發展 Unix 作業系統所設計出來的程式語言，是希望可以方便移植到各種機型上執行。在發展當時的時代背景下，C 語言的程式碼在編輯好後，需要先經過編譯才能執行，特點是編譯的方式簡單，而且編譯後的執行檔容量小、執行速度較快，而且程式碼能夠方便移植到任何的硬體裝置上使用。C 語言指令少，大部分功能都是以函式的方式所組成。優點有程式碼語法簡潔易懂，能夠容易學習上手，可以使用的資料類型多元，能夠直接對硬體裝置（IO、memory）進行讀寫操作，對於跨平台的移植使用方面較受歡迎。缺點有程式除錯比較費時，文字方面的處理比較缺乏。

爾後的 C++ 是將 C 語言發展成具備物件導向的程式語言，成為一種使用廣泛的電腦程式設計語言，物件導向簡單的說就是抽象化，將計算方法和資料型別進行封裝，可以方便取用而不用知道內部太多的運算細節，讓程式設計工作變得簡單輕鬆一點，把寫程式變成一種相當愉快的事情，C 語言的程式碼大多都可以直接在 C++ 上編譯使用。C++ 程式碼較 C 語言結構嚴謹，功能也增加容易，能夠處理的資料類型也較多，缺點就是因為加入物件導向的概念，讓進入的門檻變高。C 與 C++ 也陸續發展出各式各樣的衍伸及變形，如用於 iPhone 開發 的 Objective-C、Microsoft Visual Studio C++ 與 C#、Borland C++ Builder、ANSI-C、MSVC 等。

▲ 圖 3.2　C 與 C++

Java 於 1995 年左右開始發展，據說當時開發的工程師們正一起品嚐 Java 咖啡，如圖 3.3 所顯示的名字與 logo 就一直沿用以及風行世界，發展的主要目的是希望可以設計出跨平台使用的程式語言，開始發行後就大量被採用，幾年後市面上新開發的電子資訊產品大都導入 Java 的應用，可以說是融入大多數人的生活當中。對於 Java 的主要印象應該大都是在網頁、GUI 或是 Andorid APP 的開發應用上，其實 Java 主要發展是在於商業邏輯方面的應用，例如電子商城、金融、保險系統等事務領域，屬於編譯式的程式語言，可以在大多數的電腦或移動設備上執行，編譯後的 Java bytecode 需要在 Java 虛擬機器（JVM）上執行，所以只要能夠執行 JVM 的電腦或各種裝置都可以支援 Java 的應用，各位或許有印象有些遊戲機在一開始的時候會出現 Java 字樣，就是有 Java 的虛擬機。優點有程式碼簡潔，具備可移植性，相同的程式碼可跨平台執行，可以做前述所提到各式各樣的開發，應用上具有較高的安全性，缺點大都與 C 語言相似，另外就是多一道編譯過程。

▲ 圖 3.3　Java Logo（CC BY-4.0 by Aldrin Jose .A）

因為大數據與人工智慧發展的蓬勃興起，自從 2018 年開始 Python 崛起，被大量用於資料科學領域與演算法的開發，可説是近幾年來受歡迎幅度提升最快的程式語言，圖 3.4 所顯示的 Python 在 2019 年時的使用排行已經超越歷史悠久的 C 與 C++，隨著人工智慧與機器學習的發展，以及網路社群的交流，掀起 Python 的學習熱潮，同時也是 Google 愛用的程式語言之一，Python 社群也因為網路而逐日增多。Python 是一套物件導向的直譯式程式語言，屬於高階的程式語言，具備精簡語法的程式碼受到歡迎，Python 使用縮排來宣告區塊，不同於大多數程式語言的大括弧使用，所以讓使用者覺得程式的結構清晰容易明瞭，而且程式碼的可讀性增加。優點在於程式碼具備容易撰寫的直覺語法，靈活且易學性，適合程式語言初學者進入，具備功能強大的函式庫且容易擴充使用，目前應用範圍著重在於機器學習、深度學習、資料科學與大數據分析等方面。缺點是語法對於縮排格式有嚴格要求，對於已熟悉其他程式語言使用的開發者可能會較不習慣，另外就是執行效率與其他程式語言相比較是較差一些，對硬體裝置進行讀寫操作較困難，跨平台的可攜性較低。

▲ 圖 3.4　Python Logo（GNU 通用公共授權條款第 3 版）

■ 編譯式程式語言

如 C、Java 等，在執行前需要先經過編譯器將程式碼轉譯成機器碼，編譯後所需要的執行時間較少。

■ 直譯式程式語言

如 Python 等，在執行的時候再逐行的轉譯為可執行的機器碼，程式執行速度相對較慢。

圖 3.5 顯示的 MATLAB® 是一個經過了優化主要用於數值分析、科學資料計算的軟體工具，除了具備與 C 語言相似的程式碼語法，並整合的程式碼撰寫環境與視覺化圖形介面，是一套用於科學開發的高階商用軟體，與程式語言相比較能更容易排除程式碼編寫的技術問題，集中精神於演算法的模擬、開發與驗證問題上。

▲ 圖 3.5　MATLAB® Logo

優點為擁有各種與時俱進以專業為導向的工具箱（Toolbox），並具備很多經過驗證的成熟函式庫模組，可以有效率地協助開發與驗證的進行，讓 MATLAB® 的程式碼容易閱讀，在維護上可以節省許多時間，已逐漸成為科學與數值分析的通用標準語言。MATLAB® 讓開發人員可以不需要著墨於程式碼撰寫的技術細節上，將時間用在演算法的實現或模擬的研究開發課題上。

可以這樣想像，程式語言就像是木頭、金屬之類的材料，具有很高的自由度可以塑造成各種形體，相對的需要花費較多的時間規劃編輯，並且需要排除形塑時所發生的任何技術問題。MATLAB® 具備許多模組元件，像是已經打造好的工具及材料，如積木一樣使用及組裝搭建，可以將時間用在規劃所要塑造的形體，並可以隨時改變形塑的規模。因此MATLAB® 的使用在意的是如何快速實現設計想法，而不是花費精力在如何寫出滿足複雜語法的程式語言。

◇ 3.2 MATLAB® 基本操作

圖 3.6 顯示 MATLAB® 的使用者圖形工作視窗環境，除了最上方的工具列之外，其他區域主要由資料夾瀏覽視窗、工作空間視窗、程式碼編輯器、即時命令視窗這四個部分所組成。

- 資料夾瀏覽視窗（Current Folder）
  位於最左方上半部的視窗，用來顯示目前的工作資料夾。

- 工作空間視窗（Workspace）
  位於最左方下半部的視窗，用來記錄程式執行時的所使用變數的地方，列表了所有的變數名稱及設定值，包含矩陣類型變數的所有內部數值，並可以直接修改變數設定值。

- 程式碼編輯器（Editor）

  位於中間視窗，注要用來撰寫、編輯、測試 MATLAB® 程式碼。當程式碼編輯好後需要先儲存檔案才能執行測試，要注意的是檔案名稱的第一個位元不可以為數字也不能是空白鍵。

- 即時命令視窗（Command Window）

  位於最右方視窗，可以用來直接輸入 MATLAB® 指令，便可以即時輸出執行結果。如果程式碼有些許問題，這裡也會有錯誤訊息顯示，對於除錯解析時相當方便，可以直接拿來當計算機使用。

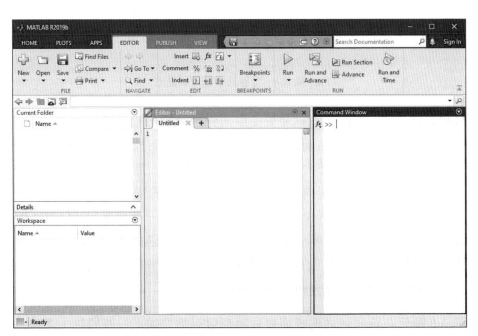

▲ 圖 3.6　MATLAB® 的圖形視窗環境

3.2.1 運算與變數

可以直接在即時命令視窗（Command Window）裡的提示符號（>>）後輸入指令、變數或是運算式，按下鍵盤上的 Enter 鍵後，MATLAB® 就會立即計算並輸出執行結果。圖 3.7 顯示的運算式，變數 x 在運算式執行後就會自動建立，並儲存在工作空間視窗中，其設定值就是運算結果。如果希望運算後的結果不要輸出於在即時命令視窗中，在運算式的最後面加上一個分號（;）即可。

```
>> x=((2*4)+1)/3

x =

        3
```

▲ 圖 3.7　運算式的執行與輸出

MATLAB® 對於變數並不需要於使用前先進行變數宣告的程序，但是需要注意的是對於變數名稱的第一字元不能設定為數字，在第一字元後可以接數字；英文字母大小寫表示不同的變數，定義英文字母相同但是大小寫不同的變數名稱，那是代表兩個不同的變數；所有變數預設為 double 的資料型態（8 個 bytes）。另外，宣告一個變數與 MATLAB® 函式或指令具有相同名稱，會影響到相同名稱的函式或指令變成無法使用，也需要注意不要在儲存程式碼時給予一個和變數相同名稱的檔案名稱，這些是進行變數宣告時需要注意的部分。

圖 3.8 顯示在編輯程式碼或運算式時都會有需求加入一些標註，讓自己再次回來查看或讓別人閱讀程式碼時更容易一些，在 MATLAB® 可以使用百分比符號（%）來宣告加入的註解。

```
>> x=((2*4)+1)/...
            3 % 定義變數 X


x =

        3
```

▲ 圖 3.8　標註的使用

兩個百分比符號（%%）在 MATLAB® 中則是代表區段分隔的宣告，可以使用命令列表的 **Editor** 分項中項目 **Run and Advance** 達到分段執行程式碼的功能，用來確認區段程式碼的執行是否有問題，這樣可以方便確認區段的執行結果及問題解析。

圖 3.9 顯示在編輯程式碼或運算式時如果有需求換行繼續編輯，可以使用換行符號（…）在下一行繼續程式碼或運算式的編輯，這樣具有容易查看或是對齊檢查的好處，在編輯較複雜的程式碼時可以多加使用。

```
>> x=((2*4)+1)/...
            3 % 練習換行符號 ... 使用


x =

        3
```

▲ 圖 3.9 換行符號的使用

整理以上所述，表 3.1 顯示 MATLAB® 常用的特殊符號列表，表 3.2 顯示 MATLAB® 數學運算元，運算優先度（Priority）由上（最高）到下（最低）排列，同一類的運算元均具有相同的優先度，在運算時是由左至右依序進行。

表 3.1　MATLAB® 常用的特殊符號列表

;	不顯示執行結果
%	宣告註解
%%	區段分隔
…	換行符號，接續下一行

表 3.2　MATLAB® 數學運算元列表

優先度最高	正號（+），負號（-）
	乘法（*），右除（/），左除（\）
	加法（+），減法（-）
優先度最低	冒號（:）

MATLAB® 主要用於數值分析的運算處理，如表 3.3 顯示已有定義一些常用的數學函式，可以方便於運算時使用。

表 3.3　常用數學函式

abs（x）	取絕對值
sign（x）	取正負號
sin（x）	sin（x）
cos（x）	cos（x）
sqrt（x）	取平方根
round（x）	四捨五入（取至整數為止）
ceil（x）	取最接近且大於原數的整數
floor（x）	取最接近且小於原數的整數
rem（x,y）	x/y 的餘數

表 3.4 顯示 MATLAB® 關係運算元，大致上沿用 C 與 Java 的符號，需要注意的是不等於關係運算符號在 MATLAB® 採用 ~= 符號。在一些程式運算流程控制（if else、for、swtich…），也與 C 與 Java 相同，不同的地方是 MATLAB 程式碼需要再多加上一個 end，作為運算流程控制區段的結束，這是常被忘記的另一個部分。

表 3.4　MATLAB® 關係運算元列表

==	等於
~=	不等於
<	小於
<=	小於或等於
>	大於
>=	大於或等於

3.2.2　向量運算

MATLAB® 的變數可用來作為向量（Vector）宣告使用，以進行各種運算使用。圖 3.10 顯示宣告一向量變數的建立，需要注意的地方是中括號需要包圍所有向量元素，以及向量元素間需有空格。

▲ 圖 3.10　MATLAB® 向量宣告

向量中元素可表示為（i），i 為元素在向量中的位置，數字 1 表示第一
個位置依序類推，圖 3.11 顯示取出向量 V 中第二個位置元素的設定值。

```
>> V(2)        % 取出向量元素

ans =

     3
```

▲ 圖 3.11　取出向量變數中的元素設定值

圖 3.12 顯示刪除向量 V 的第二個元素，向量大小會改變成為三個元
素。採用方式為將想要移除的向量元素指定為空集合（[]），如此即可將
那個位置的元素刪除，向量規模大小也就會縮小。另外也可以，嘗試增
加向量元素，改變向量的大小，如圖 3.13 顯示增加向量 V 的第四個元
素，向量大小就會跟著改變。

```
>> V(2) = []      % 刪除向量中的元素
V =

     1     5     7
```

▲ 圖 3.12　刪除向量中的元素

```
>> V = [V 4]      % 增加向量元素
V =

     1     5     7     4
```

▲ 圖 3.13　增加向量中的元素

向量規模可以藉由已定義的數學函式 length() 獲得，圖 3.14 顯示經由 length() 可以知道向量 V 共有四個元素。

```
>> length(V)

ans =

        4
```

▲ 圖 3.14　length() 函式使用

3.2.3 矩陣運算

矩陣（Matrix）可以看做是向量（Vectors）的集合，MATLAB® 的變數也可用來作為矩陣（Matrix）宣告使用，矩陣的建立方法與向量類似，需要把分號（;）加在每一橫列的結尾就能夠建立矩陣。圖 3.15 顯示宣告一個變數 M 並同時建立一 2×4 的矩陣，按下輸入鍵之後，立即顯示出變數 M 的內容，這時可以檢查建立的矩陣內容及大小是否正確，這個矩陣具有 2 個橫列（row）及 4 個直行（column）。

```
>> M = [1 3 5 7; 2 4 6 8]      % 建立 2×4 矩陣

M =

      1      3      5      7
      2      4      6      8
```

▲ 圖 3.15　MATLAB® 矩陣宣告

矩陣中位於第 i 列、第 j 行的元素可表示為（i , j），圖 3.16 顯示取出位於矩陣 M 第二列、第三行位置元素的設定值。

```
>> M(2,3)      % 取出矩陣 M 第二列第三行的設定值

ans =

     6
```

▲ 圖 3.16　取出矩陣變數中的元素設定值

圖 3.17 顯示提取矩陣 M 的第二行與第三行的元素另外成為矩陣 A，實用上如果想對一個大矩陣中的某個區塊進行運算處理時就可以採用這個方式。

```
>> A = M(1:2,2:3)      % 提取矩陣 M 的第二、三行成為矩陣 A

A =

     3     5
     4     6
```

▲ 圖 3.17　矩陣中再取出矩陣

也可以如圖 3.18 顯示刪除矩陣 M 的第二行的元素值改變成為一 2×3 的矩陣。採用方式為將矩陣原本的元素位置指定為空集合 []，如此即可將那個位置的元素移除，所以矩陣大小就會縮小。通常是用來刪除一整個橫列（row）或是一整個直行（column）的矩陣元素，例如想將矩陣元素的 A 列刪除可以用（A,:），如想將矩陣元素的 B 行刪除可以用（:,B）的方式。其中符號 : 就是代表那一整列或是行的所有元素。

```
>> M(:,2) = []      % 刪除矩陣 M 的第二行

M =

     1     5     7
     2     6     8
```

▲ 圖 3.18　刪除矩陣中的元素

嘗試如圖 3.19 顯示將原本的矩陣 M 加入第三列，改變矩陣 M 的大小成為一 3×3 的矩陣，要注意的地方是矩陣列的分隔符號（;）常被忘記。

```
>> M = [M; 7 8 9]    % 增加第三列

M =

        1       5       7
        2       6       8
        7       8       9
```

▲ 圖 3.19　增加矩陣元素改變的大小

如果想要定義一多列的矩陣，也可以藉由轉置向量的方式達到，如圖 3.20 顯示宣告矩陣 C 元素的時候，於矩陣元素最後方再加上 ' 符號，即可將原本的 1×3 矩陣元素轉置成一 3×1 矩陣。

```
>> C = [1 2 3]'    % 轉置向量成多列矩陣

C =

        1
        2
        3
```

▲ 圖 3.20　轉置向量成多列矩陣

改變矩陣 M 的大小，也可以使用圖 3.21 所顯示的合併兩個矩陣的方式達到，矩陣 D 是由矩陣 M 與矩陣 C 合併後所產生。這個方式常用來處理兩組資料的整合，然後再進行後面的運算處理。

```
>> D = [M C]      % 合併兩個矩陣

D =

      1      5      7      1
      2      6      8      2
      7      8      9      3
```

▲ 圖 3.21　合併矩陣

矩陣的大小可以藉由已定義的數學函式 size() 知道，圖 3.22 顯示函式
size() 會有兩個數字輸出，第一個數字 3 代表列數，第二個數字 4 代表
行數，可以知道矩陣 M 共有 3×4=12 個元素。也可以採用先給定變數
名稱再進行運算的方式，如圖 3.23 顯示運算後變數 row 就等於矩陣 M
的列數 3，變數 column 就等於矩陣 M 的行數 4。

```
>> size(D)

ans =

      3      4
```

▲ 圖 3.22　計算矩陣大小

```
>> [row column] = size(D)

row =

     3

column =

     4
```

▲ 圖 3.23　size() 函式使用

因為運算上常常會使用一些特殊矩陣的需求，例如所有元素都是 0 或 1 的矩陣、單位矩陣（對角線為 1）、亂數矩陣等，表 3.5 顯示 MATLAB® 具備已經定義好的特殊矩陣函式，可以方便直接使用。

表 3.5　特殊矩陣函式

zeros（m, n）	所有元素都是 0 的 m×n 矩陣
ones（m, n）	所有元素都是 1 的 m×n 矩陣
eye（n）	對角線元素全為 1，其他元素都是 0 的 n×n 矩陣
rand（m, n）	分佈於 0 - 1 的 m×n 亂數矩陣
magic（n）	各行、列及對角線的元素相加都相等的 n×n 矩陣

表 3.6 顯示 MATLAB® 已具備常用的向量、矩陣計算相關函式，可以方便直接使用。

表 3.6　常用的矩陣計算函式

mean（data）	求平均值
sum（data）	求總合
max（data）	找最大值
min（data）	找最小值
sort（data）	排序

MATLAB® 是一個主要用於數值分析、科學資料計算的工具軟體，當然也內建眾多的指令集可以使用，在這麼多的指令當中表 3.7 顯示常用的操作指令，記住並善用這些指令可以讓開發、測試與驗證的工作更加流暢。表 3.8 顯示跟系統查詢資訊相關的指令，尤其是查詢函式的使用方式是相當實用的指令，建立自己的使用習慣也有助於讓工作順暢。

表 3.7　常用指令（一）

clc	清除即時命令視窗的內容
clear all	清除所有變數
whos	顯示變數名稱、大小
dir	顯示當前目錄下所有檔案
what	顯示當前目錄下檔案資訊

表 3.8　常用指令（二）

lookfor	用來尋找未知包含關鍵字的函式
help	用來查詢已知名稱的函式資訊
helpwin	呼叫說明瀏覽視窗
ver	顯示 MATLAB® 版本資訊
bench	檢查電腦效能

◇ 3.3 Robotics System Toolbox

Robotics System Toolbox ™是 MATLAB® 上建立的一個相關於機器人應用的工具庫，於 MATLAB R2015a 開始導入，提供一些移動機器人及機械手臂相關的開發應用功能，用於設計、模擬和測試。對於移動機器人，此工具庫提供定位、路徑規劃、路徑追蹤和運動控制的演算法；對於機械手臂，包括碰撞檢查、軌跡生成、運動學以及動力學等的演算法 [16]。

Robotics System Toolbox ™提供了常用的參考範例，模型庫有助於圖形視覺化的模擬進行，可以經由重新組合所提供的動態模型，並套用演算法，就可以用來建構開發測試原型功能的環境。Robotics System Toolbox ™ 還可以將來自 ROS-based 機器人上的感測器的數據資料導入 MATLAB®，用以進行圖形視覺化、測試校準等等。

具備如此多樣化的功能，開發或使用者只需要基本的 MATALB® 操作就可以控制機器人，有效地縮短進入的學習時間。由此可見，其演算法整合和圖形介面優勢，是可以幫助研究開發的進行及符合教學上的需求。

◇ **3.4 ROS Toolbox**

在 MATLAB® 尚未完全整合 ROS 系統支援之前，已有研究嘗試額外訂製函式庫，以特定的通訊方式，建立 ROS 系統與遠端電腦上的 MATLAB® 溝通，預期連結兩個軟體系統 [14]。另有採用 MQTT 協定，作為 ROS 系統與遠端的 MATLAB® 溝通方法 [17]。

從 MATLAB R2019b 版本開始新增了 ROS 工具庫（**ROS Toolbox**），提供使用者較直接的整合介面連結 MATLAB® 與機器人操作系統（ROS）框架 [18]，讓使用者可以建立 ROS 及 ROS2 的網域，進行 ROS 的設計、應用與模擬，進行即時資訊的溝通、測試、驗證。同時能夠與 ROS 網域的其他節點溝通，並支援大多數已有的 ROS Message Type，另外可以依需求自行定義，讓使用者能夠在 MATLAB® 中快速進行機器人演算法與原型的開發。

ROS2 是機器人操作系統的第二代版本，屬於一個通訊為主的架構，用來使整體系統位於不同地方的功能組件能夠相互溝通，交換的數據資訊，與 ROS1 相同採用透過特定的 Topic 來傳送與接收訊息。MATLAB® 採用函數庫方式支援 ROS2 系統，ROS2 建立在 DDS 上，可以視為一種中介層，提供資料交換傳輸等功能。DDS 使用 **RTPS** 協議（Real Time Publish-Subscribe Protocol），可以通過 UDP 網路協議進行資料數據溝通，只要連接到 ROS2 網域，可以使用模組元件來傳送與接收網域裡的數據資訊，如此可以連結遠端的系統。

◇ 3.5 MATLAB® 安裝

MATLAB® 具有相當友善的使用介面，軟體的安裝套件下載也不例外，圖 3.24 顯示下載 MATLAB® 軟體可以搜尋 mathworks.com 以及 download 關鍵字即可，或是直接前往以下網址下載，建議下載 MATLAB R2019b 或是之後的版本，才能夠支援 ROS2。

https://www.mathworks.com/downloads/

隨後依照安裝程式的步驟依序安裝即可，安裝時間依網路連線及電腦速度差異會有些許不同，整個過程大約需要一個小時。目前大多數的大專院校都有 MATLAB® 的使用版權，若學校電腦有安裝 MATLAB® 軟體，可以直接跳過這一章節所述安裝程式的步驟。

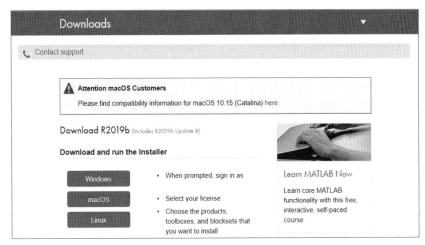

▲ 圖 3.24　MATLAB® 安裝程式下載

安裝套件下載後即可進入軟體安裝程序，MATLAB® 軟體提供一個非常人性化的安裝過程，大多數的情況下只需要按下一步的按鍵即可，可以先申請好 Mathworks® 網站的帳號，或是準備好安裝序號等讓安裝步驟更順暢，安裝步驟依序為：

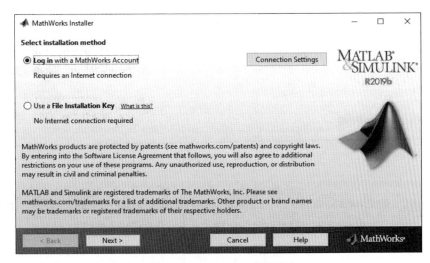

▲ 圖 3.25　MATLAB 安裝程序一

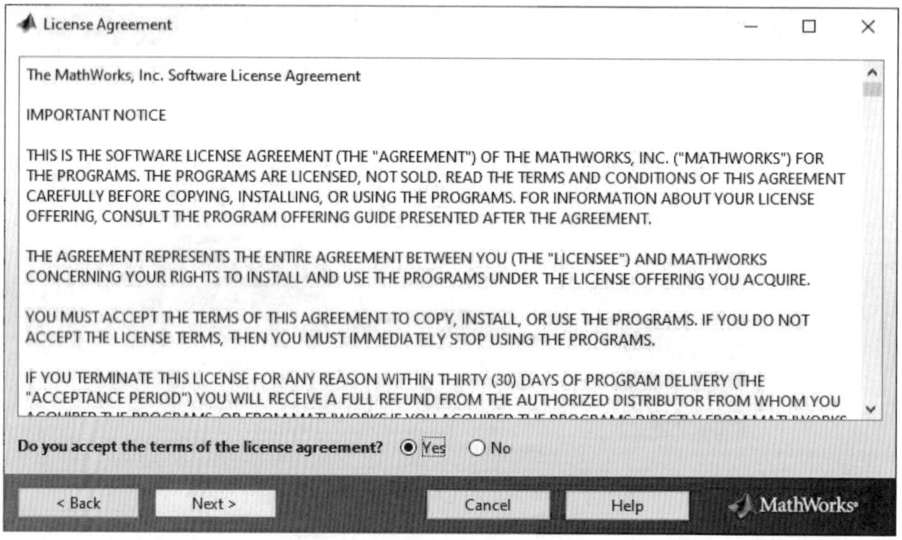

▲ 圖 3.26　MATLAB 安裝程序二

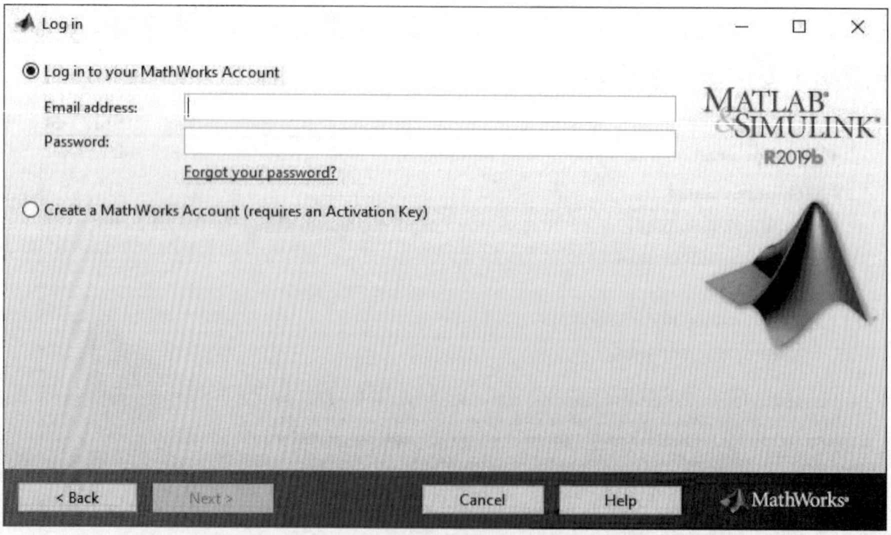

▲ 圖 3.27　MATLAB 安裝程序三（建立或是輸入帳號）

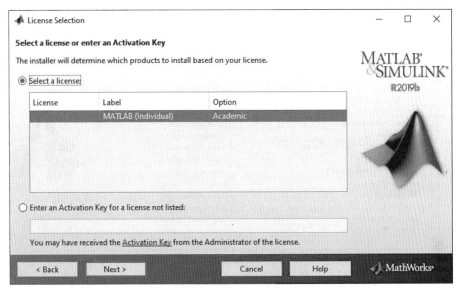

▲ 圖 3.28　MATLAB 安裝程序四（選取或是輸入序號）

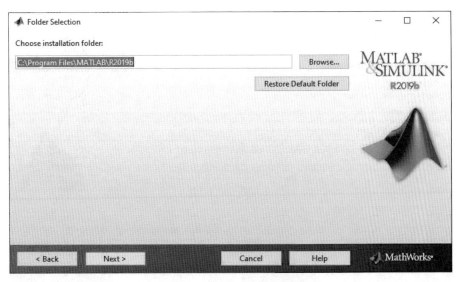

▲ 圖 3.29　MATLAB 安裝程序五

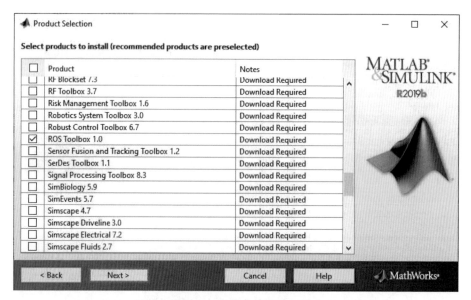

▲ 圖 3.30 MATLAB 安裝程序六

（選擇工具庫，需要選擇 MATLAB、Simulink、ROS Toolbox、Navigation Toolbox）

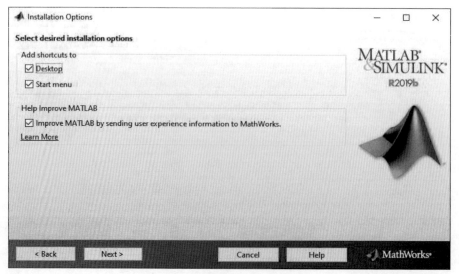

▲ 圖 3.31 MATLAB 安裝程序七

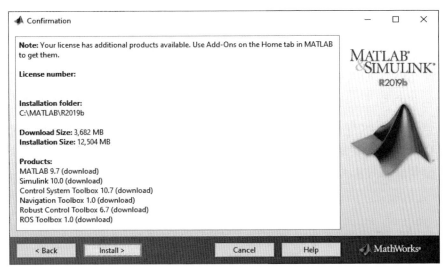

▲ 圖 3.32　MATLAB 安裝程序八

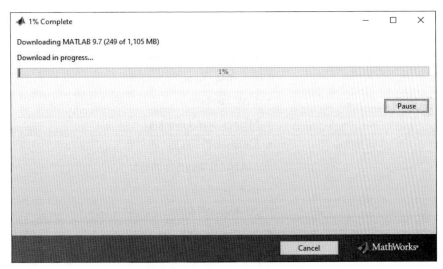

▲ 圖 3.33　MATLAB 安裝程序九

最後等待 MATLAB® 軟體安裝程序進行到 100% 即完成軟體安裝，接著就可以直接使用。

◇ 3.6 版本更新過程

每年 MATLAB® 會計畫性地發佈兩次改版，除了軟體功能的更新外，還包含界面上的調整，如此的更新幅度主要是希望能跟上科學、工程等各領域的最新演算法，還有最新的使用趨勢，表 3.9 列表 MATLAB R2019a 版本開始的主要功能更新，自 R2019b 之後的版本，皆有包含自動駕駛車技術相關的開發協助工具。

表 3.9　MATLAB® 版本更新

版本	新功能
R2021a	• DDS Blockset • Radar Toolbox • Satellite Communication Toolbox
R2020b	• Deep Learning HDL Toolbox • Lidar Toolbox • Road Runner Scene Builder • Simulink Online • UAV Toolbox
R2020a	• Motor Control Blockset • Simulink Compiler • MATLAB Web App Server
R2019b	• ROS Toolbox • Navigation Toolbox
R2019a	• Reinforcement Learning Toolbox • System Composer • SoC Blockset • AUTOSAR Blockset • Mixed-Signal Blockset • SerDes Toolbox

◇ **3.7** 小結

- 編譯式程式語言，如 C、Java 等，在執行前需要先經過編譯器將程式碼轉譯成機器碼，編譯後所需要的執行時間較少。

- 直譯式程式語言，如 Python 等，在執行的時候再逐行的轉譯為可執行的機器碼，程式執行速度相對較慢。

- MATLAB® 具備許多模組元件，像是已經打造好的工具及材料，可以像是積木一樣使用及組裝搭建，並可以隨時改變形塑的規模。

- MATLAB® 的圖形工作視窗環境，除了最上方的工具列之外，其他區域主要由資料夾瀏覽視窗、工作空間視窗、程式碼編輯器、即時命令視窗這四個部分所組成。

- 可以直接在即時命令視窗（Command Window）的提示符號（ >> ）後輸入指令、變數或是運算式，MATLAB® 就會立即計算並輸出執行結果。

- 兩個百分比符號（%%）在 MATLAB® 中則是代表區段分隔的宣告，可以達到分段執行程式碼的功能。

- MATLAB® 具備有圖形化操作及顯示介面，可以加速開發進度與工作的流暢度，了解及編寫 MATLAB® 語法並不困難。

- MATLAB® 採用矩陣的數值表示法，可以容易應用於機器人相關的演算法，減輕開發者或使用者在數值運算上的課題。

- MATLAB® 整合多種演算法與工具庫（Toolbox），可以增加系統開發的彈性，讓使用者可以有效率地進行原型系統的開發，減輕設計開發時的負擔。

- Robotics System ToolboxTM 具備多樣化的功能，開發或使用者只需要基本的 MATLAB® 操作就可以控制機器人，有效地縮短進入的學習時間。

- ROS 工具庫（ROS Toolbox），提供使用者較直接的整合介面連結 MATLAB® 與機器人操作系統（ROS）框架。

無人自走車基礎理論

本章節首先介紹機器人系統組成，解釋為什麼有上位機與下位機這些名稱及主要負責功能。接下來對自走車實驗所使用演算法概略介紹，包括其開發的概念及構思，期望引起讀者對有興趣的演算法進行更深入的研究或改進。

◇ 4.1 自走車系統之組成

自動駕駛車即是具備人工智慧的車輛，最終目標是預期速度及方向控制都可以不需要人為操作，無人自走車是一個相對較簡單的自動駕駛車的雛形。無人自走車由各種不同元件所組成，每個元件皆具備不同的功能，對研發而言是一個複雜的系統，在此將其簡化為驅動與控制的兩層結構，也是所謂的下位機與上位機的組成 [19]。

下位機負責自走車硬體的驅動，需要考慮的是驅動能力及穩定度的表現，在價格與功能等多方因素考量下，愈來愈多是採用 Arduino 實作 [20][21][22]，圖 4.1 顯示為 Arduino 馬達驅動結構，採用其多元的可擴充性能結合驅動模組，依需求整合其他相關元件。上位機負責控制自走車，可以採用運算效能有限的單板電腦，由於性能只限制於進行較簡單的工作，如果是採用工業級電腦或是具備有運算能力的電腦，則可以用來執行較複雜或是整合型態的工作，當進行無人自走車設計，需要考慮如何取得效能與電源供給的平衡。整體而言，下位機主要考慮硬體驅動和數據資訊擷取等的問題，可視為處理底層驅動問題；上位機控制系統開發在意的是，如何在特定平台上快速有效地開發自走車演算法，其運算性能可以達到演算法運算需求，一旦進行較複雜演算法，上位機的運算力將會需要更多的電源供應，對於自走車供電設計是一大挑戰。

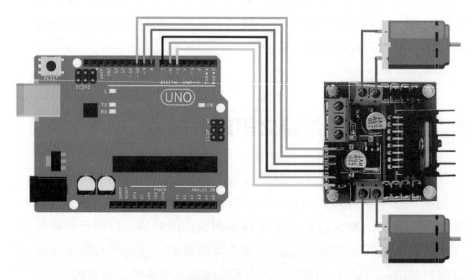

▲ 圖 4.1　Arduino 馬達驅動結構（CC-BY-SA-4.0 by Quel Soler）

4.1.1 上位機控制軟體

在眾多用於上位機控制層的軟體系統中，以 Robot Operating System（ROS）這一個中介系統框架最後歡迎，在 2015 年 DARPA 舉辦的 DRC Final 的 23 隊參加團隊中，有 18 隊使用 ROS 作為系統軟體的開發 [23]。由此可見，其針對機器人應用設計的完整系統整合框架及軟體重用的概念，是受到全世界機器人研究開發團隊所認可，成為目前的主流。目前有眾多相關的硬體配件也對這一個系統架構有所支援，目前持續增加中。在世界各地的活躍社群，持續分享相關的開發成果，及在這一個架構下發展不同的應用概念。

在 ROS 的分散式運算的軟體系統框架裡，於遠端電腦控制驅動無人自走車的構想發展是可以實現，過去有方法嘗試採用 Android 裝置透過橋接的方式達到監控及操作的目的 [20]；此外還有方法利用在遠端電腦建立控制中心，負責運算的執行，再透過無線網路達到驅動的構想 [24]；另外有方法運用雲端分散式運算架構的實作構想 [25]，降低自走車系統上元件的運算負載，將複雜的運算挪到在遠端的高速電腦上執行，再將結果傳遞至自走車系統上執行，如此可減少系統元件用於運算的能量負載，間接延長移動式設備的使用時間。

延續於遠端電腦控制驅動無人自走車的想法，在遠端電腦安裝 MATLAB® 來開發自走車驅動控制演算法，將節省許多開發時間。主要原因為 MATLAB® 軟體系統具有整合的開發編輯環境的功能，可以有效率地進行開發及測試，在 ROS 工具庫（ROS Toolbox）開發後，更容易與安裝 ROS 系統的上位機連結，可以降低無人自走車開發應用的進入障礙，開發者僅需要較少的時間來熟悉硬體系統。因此本書透過結合 MATLAB® 與 ROS2 來降低進入自走車開發的門檻，減少具備相關背景知識的必要性，以有效率的方式進行開發及建構基礎模型。

遠端的電腦上以 MATLAB® 軟體系統建構自走車自主導航控制系統，
採用 ROS 訊息溝通框架，以無線網路與自走車溝通，並驅動自走車移
動，自走車實驗平台因為能夠降低對控制層執行效能的需求，達到減少
能源消耗的優勢，如此更可以擴展各種相關新型態應用的發展。

4.2 演算法概念

自走車需要執行演算法才能達到自主導航功能，簡單說來說**演算法**就是
解決某一特定問題的方法，只需要提供輸入後，就可以獲得輸出，最常
用在人工智慧、機器學習的開發。打個比方，擁有一批木材想要製作成
一個桌子，那麼製造的工廠就可以當作是一個演算法，一般使用者不用
在意工廠是如何製造、加工、組裝等等程序。圖 4.2 的示意圖說明工廠
輸入木材後，就可以在輸出的地方等待被製造出來的桌子。

▲ 圖 4.2 演算法概念

演算法的設計，就是解決問題所採用的邏輯，可視為解決問題的方法策
略，對於開發演算法的人來說，就會比較在意實際執行程序是否符合期
望、結果是否正確，以及效率、消耗運算資源等。對電腦科學而言，演
算法就是一段經過設計規劃好的程式，透過執行一連串設計好的指令、
程序、邏輯後，期望可以協助解決問題，或許甚至只是特定的某一個問

題。沒有演算法是萬能的，只是適用的範圍不同而已。也可以這樣理解，解決不同的問題可能會用到不同的算法，也可能用相同的算法，但可能產出不可預期的結果。對使用的人來說，需要選擇符合的那種算法，才可以獲得預期的結果。

本書建構的是自走車自主導航控制系統，在遠端電腦的 MATLAB® 環境下進行開發實作，圖 4.3 顯示規劃的進行程序依序是路徑規劃、路徑追蹤、動態避障這三個運作程序，採用不同的演算法於相對應單元，主要是能夠達到原本預期的功能，最後連結所有部分形成一個完整的控制系統，以下介紹實驗中會使用到的幾個經典的演算法。

▲ 圖 4.3 自主導航演算法程序

4.2.1 快速隨機搜索樹演算法（Rapidly-exploring random tree, RRT）

快速隨機搜索樹演算法（**Rapidly-exploring Random Tree**），簡稱 RRT 演算法 [26]，是一種隨機生成的資料結構，採用增量方式的隨機採樣，用來規劃行進所需的路徑。由根節點開始，以隨機採樣方式擴增葉子節點，圖 4.4 顯示從起始點處開始向外擴拓成一個樹狀結構，擴展的方向是由可用區域中的隨機採樣點決定，隨機擴展節點建立分支，進一步延伸探索到整個可用區域，生成一個快速隨機搜索樹，最終到達或是靠近目標點，產生一條由從起始點到目標點無碰撞的可行路徑，並且是無碰撞的可行路徑。

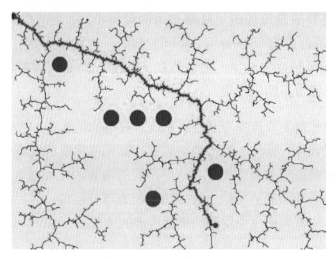

▲ 圖 4.4　快速隨機搜索樹示意圖

演算法的優點在於無需對搜索區域進行建模或是幾何分割,適合解決多自由度和在複雜環境中的路徑規劃問題。圖 4.5 顯示以透過對規劃區域裡的狀態空間採樣點進行穿越或是碰撞檢測來擴展節點伸展;並通過隨機採樣點,把搜索導向空白區域,可以覆蓋較廣的搜索範圍,有效的搜索整個區域,使得路徑規劃問題簡化而快速得到結果。

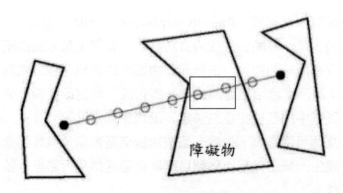

▲ 圖 4.5　路徑穿越障礙物檢測

快速隨機搜索樹演算法也有缺點，當自走車面對狹窄通道類型的環境就不容易找到擴展路徑，因為在狹窄通道裡面積小，所計算出的分支擴展機率較低，需要較多次的運算，所以演算法的運算效率就會大幅下降。

RRT 採用隨機採樣的規劃演算法，運算速度較快，並可在整個可探索區域範圍隨機生成採樣點，因此最後獲得的路徑往往是可行路徑而不是優化後的結果。RRT* 演算法是一個改良的版本，主要區別是增加了對新節點的重計算過程，目的是選擇適當的父節點，並重新規劃隨機樹用以產生優化結果。

RRT* 演算法在找出初始路徑之後，隨著隨機採樣點的增加，不斷地進行路徑優化，直到找到目標點或達到所設定的最大運算次數，隨著運算次數的增加，得出愈來愈優化的路徑，是屬於漸進式優化的演算法則，所以要得到相對的優化路徑，需要一定的運算時間，在花費時間盡量少的考量下，做到相對的優化 [26]。

若讀者想了解更多隨機取樣路徑規劃，可參考台達磨課師機器人學第十單元，影片中有詳細介紹。

https://univ.deltamoocx.net/courses/course-v1:AT+AT_010_1092+2021_02_22/about

4.2.2　單純追蹤演算法（Pure Pursuit）

具備行駛路徑後，需要驅動自走車沿著規劃好的理想路徑行駛，**單純追蹤演算法（Pure Pursuit）**是路徑追蹤的一種方法，依據自走車當前的速度及姿態資訊，演算法會計算出下一次運動的線速度和角速度參數，使自走車盡可能正確地行走於規劃好的理想路徑上，單純追蹤的這個名稱來自於描述演算法呈現出來的行為，持續追隨著在理想路徑上有一段距離遠的某個目標點 [27]。

參考圖 4.6 所顯示，單純追蹤演算法的基本概念為計算由目前位置移動到下一個位置所需要的**圓弧曲率**（λ）[27]。為了獲得追隨圓弧曲率，需要計算出一個通過兩個位置（目前位置和下一個移動到的位置）的圓弧，藉由這樣獲得合適的轉向角度（α）。

以自走車目前所在位置做為起始點，其定義的前視距離於理想路徑的相交處為期望的目標點，也就是下一個移動到的位置，圖 4.6 顯示 △x 代表起始點與目標點在 X 軸上的位移量，L 代表起始點與目標點的距離也就是移動距離，r 代表同時通過起始點和目標點的圓弧半徑，α 代表自走車前往目標點的轉向角度，λ 代表圓弧曲率也就是圓弧半徑的倒數，如此自走車就可以一直保持在追逐某個目標點。

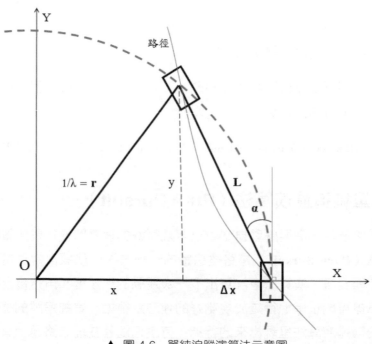

▲ 圖 4.6　單純追蹤演算法示意圖

可以依照示意圖得到以下等式，

$$\Delta x^2 + y^2 = L^2 \qquad (4.1)$$

$$x + \Delta x = r \qquad (4.2)$$

$$x^2 + y^2 = r \qquad (4.3)$$

結合（4.1）（4.2）（4.3）換算後可以得到，

$$(r - \Delta x)^2 + y^2 = r^2$$

$$r^2 - 2r\Delta x + \Delta x^2 + y^2 = r$$

$$2r\Delta x = L^2$$

$$r = L^2/2\Delta x \qquad (4.4)$$

$$\lambda = 2\Delta x/L^2 \qquad (4.5)$$

移動距離（L）代表**前視距離**與行駛參考路徑的相交處與自走車目前位置的距離，如果變動前視距離那麼移動距離（L）長度也會不同，同時移動距離（L）也可以表示為線速度與角速度的組合即為 a×V(t)+b×W(t)，可以組合出多種的線速度與角速度設定值，所以經由變動前視距離、線速度、角速度這些參數可以獲得演算法產生不同的行為並做些微調整。其中前視距離的設定需要特別注意，圖 4.7 的上圖顯示較小的前視距離參數將使無人自走車快速地向理想路徑移動，因為前視距離參數與理想路徑相交產生較小的移動距離（L），追隨圓弧的曲線半徑也會變小，所以自走車需要較大的角速度設定值才能獲得所需要的轉向角度，或是靠相對頻繁地產生多組速度組合 a×V(t)+b×W(t) 才能移動到達期望的目標點，如此比較可能會發生圍繞路徑振盪擺動狀況，可以想像開車時只注意距離車子最近的正前方，遇到要轉彎處就會常常發生狂打方向盤的急轉彎狀況。相對的為了減少震盪，圖 4.7 的下圖選擇較大的前視距離參數，因而與理想路徑交會產生的移動距離（L）較大，朝向期望目標點移動時理想路徑的轉彎處就會被忽略（追隨曲線曲率變大），所以就可能會發生轉彎角被削除的狀況，導致在某些狀況下偏移理想路徑太多，路徑跟隨效果不好的狀況。

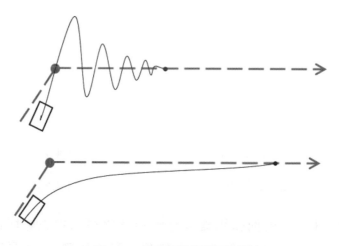

▲ 圖 4.7　前視距離參數設定比較

總結來説，單純追蹤演算法受到前視距離的設定值有很大的影響，前視距離如何調整才是正確，需要依據需求進行實驗才能確定，愈大的前視距離造成追蹤的軌跡愈平滑，愈小的前視距離會使得追蹤更加精確，同時追蹤的軌跡也愈可以觀察到震盪現象。

4.2.3 向量直方圖演算法 （Vector Field Histogram, VFH）

向量直方圖演算法（Vector Field Histogram），簡稱 VFH 演算法，通過自走車上的感測器，可以探測空間中的障礙物，並且能夠利用相對的角度以及距離來定位這些障礙物。感測器探測運動環境狀況得到障礙物資訊，採用統計方式計算及表示障礙物的位置及方位資料，進而求得各個方向的行進代價 [28]。VFH 演算法的想法為當某方向的障礙物越多，計算出的行進代價值越高，藉由這樣的方式挑選出代價值較低的方向作為下一次的運動方向。對於感測器數據的準確度較不敏感，並可融合多個感測器讀數。

圖 4.8 顯示不同方向的行進代價直方圖，橫坐標為 0-360 度的直方圖表示，縱坐標是計算出的代價值。計算出的代價值愈高表示該方向通過愈有難度，代價值愈低代表那個方向是愈容易通行，但是通行方向可能會偏離原本預計的目標點方向，因此需要有補償的方法來計算出一個相對合適的行進方向。

VFH+ 演算法為 VFH 改進版本，提供較平滑及較可靠的行駛路徑。VFH+ 演算法增加了自走車尺寸因子的計算，並採用四階的方式處理計算資料模式 [28]，能夠更有效率的計算出新的行進運動方向，不過VFH+ 演算法也有可能會偏離原本的目標方向的問題存在。

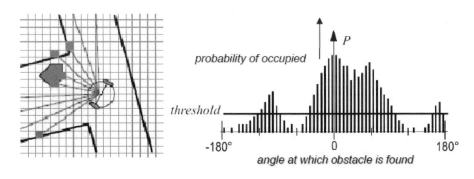

▲ 圖 4.8　向量直方圖示意圖

4.2.4 佔據柵格地圖（Occupancy grid map）

地圖的表示方式有很多種，以下這三種類型是生活中常見的表示方法：

■ 尺度地圖（Metric Map）
地圖中的每一個地點都可以用共通的坐標方法來表示，例如用經緯度表示地點的景點地圖。

■ 拓撲地圖（Topological Map）
用來表示地點與地點之間的關係，地圖中的每一個地點以一個點來表示，相鄰的兩個點彼此用線連接起來就是，例如捷運地圖、火車地圖。

■ 語義地圖（Semantic Map）
通過位置關係來描述地點的地圖，就像平常用來引導別人移動到達目的地所使用的描述方式，例如捷運三號出口位於一號出口正前方50 公尺。

這些地圖的表示方式對人類而言非常方便，對於自走車卻不是這樣，目前在自走車上以佔據柵格地圖（Occupancy grid map）的使用最為廣泛，對於自走車的路徑規劃與導航最為方便。圖 4.9 就是一個實驗場域的佔據柵格地圖的真實範例，白色區域是安全可以通行的地方，黑色區域是確定有障礙物的地方。灰色區域是還尚未探測的區塊。

▲ 圖 4.9　佔據柵格地圖範例

佔據柵格地圖是目前應用廣泛的地圖儲存格式，與一般所認知的地圖差異不大，也就是在一張圖片中就能表示環境中的許多資訊。圖 4.10 所顯示的示意圖，就是把一系列的格子以二維的方式排列，用來表示整個場域環境，以 X、Y 座標表示一個柵格位置，也代表了實際環境中的一個區域，每一個格子都有一個數值，代表了實際環境中這一個位置被障礙物佔據的可能機率 [20]，佔據柵格地圖能表示空間環境中的障礙物位置特徵，所以可以直接用來進行路徑規劃與導航使用。

0.2	0.4	0.4	0.4	0.2
0.4	0.8	0.8	0.8	0.4
0.4	0.8		0.8	0.4
0.4	0.8	0.8	0.8	0.4
0.2	0.4	0.4	0.4	0.2

▲ 圖 4.10　佔據柵格地圖示意圖

製作佔據柵格地圖常用的設備之一是雷射測距感測器（LiDAR），於量測場域中，LiDAR 感測器向固定的方向發射雷射光束，如果有障礙物存在雷射光束就會被反射，感測器就能計算到雷射從發射到接收的時間差，除以二就可以知道雷射光束單趟運行的時間，乘以雷射光束的速度可以知道這個方向與障礙物的距離。

在於實際製作場域佔據柵格地圖上的課題是，LiDAR 感測器需要不斷地移動才能完成對於場域的量測，所以移動時所產生的誤差是無法避免，再來就是測量時所產生的量測誤差，這些都會影響所產生佔據柵格地圖的準確度。

4.2.5 同步定位與地圖建構（Simultaneous Localization and Mapping, SLAM）

同步定位與地圖建構是指採用感測器對周圍環境進行採集，在計算自走車自己位置的當下，同時構建真實場域環境地圖，目的是解決在未知環境下的定位與場域地圖構建問題 [29]。就如同人類到了一個陌生的環境當中，試圖想要理解周圍環境，透過對周圍環境的探索理解空間的相對關係，然後依據這樣的空間關係畫出周圍環境的地圖一樣，這樣技術具備相當重要的應用價值，一直以來都被認為是實現自主移動式機器人的重要關鍵技術。

本書採用這個演算法建立實驗場域的環境地圖，所建立的環境地圖是希望可以作為導航行進的參考依據，導航控制系統就依據這個環境地圖規劃出可通行的無障礙路徑，引導自走車最後能夠安全到達目的地。在地圖的構建過程，雷射測距感測器（LiDAR）為一種快速而準確感知環境的工具，可以快速了解周圍環境狀況，及具有產生的資料量小的優點 [29]。認識環境的過程主要就是依靠地圖，利用環境地圖來理解當前環境狀況，進而知道下一步該如何進行自主移動。

若讀者想簡單了解同步定位與地圖建構的概念，可參考台達磨課師機器人學第十單元，影片中有詳細介紹。

https://univ.deltamoocx.net/courses/course-v1:AT+AT_010_1092+2021_02_22/about

◇ **4.3 安全法規**

隨著自走車的普及，無人自走車相關的安全法規也漸漸地受到注意，而安全法規的重要就像日常生活中經常使用的手機、家用電器、機械器具等，世界各國都有制定相對應的規範，主要是想用來確認產品符合相關要求，對於民眾的基本健康、安全，或是對於環境（空氣、土地等）不會有傷害及汙染問題，特別是輻射、電磁波、廢棄物回收等問題也愈來愈受到重視，也都有相關的規範慢慢被建立。為了更瞭解自走車法規，下面先介紹目前常見到的法規。

4.3.1 常見的認證法規

歐盟委員會要求歐洲製造商必須要有正式的自我聲明書（Declaration of Conformity，DoC）聲明其產品是達到或符合該產品類別所相對應的安全方針（Directive）與相關的產品安全標準（Standard）的規範，這樣產品就可以使用如圖 4.11 顯示的 CE 標誌，證明該產品遵從歐盟的所有相關要求並符合相關法規，而且通過所指定的第三方機構所驗證，才能夠自由流通於歐盟國家。CE（Communate Europpene）認證是強制性的規範，因為不符合標準的產品並無法於歐洲經濟區市場上販售 [30]，歐盟的 CE 認證是目前被認為規格最高、最嚴格的安全法規。

▲ 圖 4.11　CE 標誌

在美國保險商實驗室（Underwriters Laboratories Inc.，UL）是最具權威的一家產品安全認證機構，總公司在美國的伊利諾州，主要的業務是採用科學的測試方法來演證各種產品、原料、零件、工具及設備等的產品安全性及對生命的危害程度，並建立標準及測試程序 [31]。主要對機械、器材、材料的安全性進行監督管理，以防止火災等事故對消費者生命安全造成危害及保護財產。產品如果認證合格就可以使用如圖 4.12 顯示的 UL 標誌，其規範的範圍有家電、電子零件及製品、電動機器及器材等，若產品不符合 UL 規範則該產品於美國境內絕大多數地區將無法獲得銷售許可。

▲ 圖 4.12　UL 標誌

美國能源之星（Energy Star）則由美國環保署於 1992 年所提出的標準，目的是希望降低能源消耗並減少所排放的溫室效應氣體，是一項促使消費產品能更節約能源而設立的國際標準及計劃 [32]，最早配合這樣標準的產品主要是電腦、資訊電器等產品，之後逐漸擴展到照明、家電、辦公室設備、電機器具以及建築類別的材料等。產品具有如圖 4.13 顯示的能源之星的標誌代表其產品合乎規範。

▲ 圖 4.13　Energy Star 標誌

附帶一提，ISO（International Organization for Standardization）是國際標準化組織的簡稱，1947 年於瑞士日內瓦成立主要是制定全世界工商業所適用的國際標準建立機構，並為非政府組織 [33]。ISO 國際標準主要由所屬各類別的技術委員會（TC）及其所屬分組委員會（SC）與工作小組（WG）所負責制訂，建立並推動國際間都能夠採用的共通標準。基本上 ISO 認證為自願性質並不具有強制力，必須要同時通過驗證公司與認證機構的認可才能證明是符合規範，認證的對象是企業的管理體系，與產品的認證有所不同，所以並無法用在產品上。ISO 的國際標準以數字表示，表 4.1 顯示為常見的 ISO 標準。

表 4.1　常見的 ISO 標準

ISO 1000	國際單位標準
ISO 9000	品質管理標準
ISO 14000	環境管理標準
ISO 22000	食品安全管理標準
ISO 27000	資訊安全管理標準
ISO 28000	供應鏈安全管理標準
ISO 50000	能源管理標準

在現今生活中電池的使用十分普遍，作為電子產品、設備與工具的電源，大多數人都會認為電池運輸是安全的，所以就簡單的放入盒子包裝運送，但現實狀況並非如此，如果運送時未有妥善包裝，電池亦可能成為危險的來源，產生火花甚至觸發火警，因為有許多安全條例及規範來確保電池運輸時的安全。電池的託運會需要考慮國際安全條例約束，減少潛在危險的發生，包裝與託運時不遵守相關規定就可能會受到罰款。

電池類型有許多種，大部分在運送時均會被視為危險品進行管控，並會受多項聯合國法規以及各種運輸機構，如國際航空運輸協會（IATA）所制定的規範所約束。國際航空運輸協會是一個全球性非政府組織，工作範圍相應廣泛，並積極響應航空業新動態，包括制定危險品航空運輸標準。其危險物品相關規定是基於聯合國專門管理和發展國際民用航空事務的國際民航組織（ICAO）的危險品安全航空運輸技術細則。生活中常見的電池通常分為鋰金屬電池和鋰離子電池兩種類別（在此排除常用於工業設備的濕式或裝有酸性液體的電池）。

■ 鋰金屬電池
重量輕具備較高的能量密度為優點，含有金屬鋰無法重複再充電使用，被廣泛用於不需要經常更換電池的小型電子裝置，如手錶、遙控器、耳溫槍等。

■ 鋰離子電池
具有可重複再充電的好處，被廣泛使用於手機、平板、電腦等耗電量較大的設備，雖然被認為比鋰金屬電池更穩定、更安全，但仍然存在風險構成運送上的安全問題。

為什麼會有國際運輸規範規定鋰電池的運送？因為先前有多起不明原因的飛機事故都被歸因於鋰電池在運送過程中引起，鋰電池可能因內部電路損壞等問題，造成內部溫度升高、開始排放氣體，引發其他電池的連鎖反應導致火災，電池運送時造成安全上的風險，必須進行相對應的處置與管理。表 4.2 顯示為鋰電池運輸規範，最大區別為是否裝置於設備中一同運輸，圖 4.14、圖 4.15 為規範對應的標誌。鋰電池被歸類為雜項危險品，最重要的部分在於保護電池端子（例如使用絕緣膠帶覆蓋等），或是以完全密閉的內包裝分別包裝電池，讓外露的端子避免發生短路，以及包裝時保持其他金屬物件不要接觸到電池。

表 4.2　鋰電池運輸應遵循的規範

UN3090	鋰金屬電池
UN3091	裝置於設備中的鋰金屬電池，或連同設備包裝的鋰金屬電池
UN3480	鋰離子電池
UN3481	裝置於設備中的鋰離子電池，或連同設備包裝的鋰離子電池

▲ 圖 4.14　UN 3091 標誌

▲ 圖 4.15　UN 3481 標誌

4.3.2 自主移動機器人應用與安全法規

根據國際機器人聯合會（IFR），自主移動機器人（Autonomous Mobile Robot，AMR）近年來被快速部屬於智慧倉儲運輸系統，因應電子商務訂單的小量多樣組合的發展。自主移動機器人具備各種感測器與演算法，可以依當時環境狀況自動規劃行駛路徑，可以透過改變行駛速度與方向，動態繞過障礙物並且最後到達目的地，與早期的無人搬運車（Automated Guided Vehicle，AGV）相比較能夠動態規劃無障礙的行駛路徑，以及自行繞過障礙物為 AMR 的特點，具備這些自主移動能力使得 AMR 比 AGV 的反應更為靈活。除了可以避免碰撞發生順利完成任務，還必須要具備各種安全機制，確保 AMR 於運行時仍然能夠維持周圍民眾及設備的安全，安全特性應是移動機器人成功的關鍵，安全規範的制定就是在確保產品開發時可以遵循的相關指南，就像是常見的認證主要目的是希望可以保障民眾或環境的安全與健康避免於被侵害。

- 無人搬運車（AGV）主要是遵循地面上（包括電磁、光學、QR code 等）導引裝置，並能夠依循導引裝置的行駛預定的路徑，當路徑中有障礙物時將停止前進，一直到障礙物被移除才再繼續。

- 自主移動機器人（AMR）主要是遵循動態規劃無障礙並有效的行駛路徑，隨時因應當下環境變化修正路徑，當路徑中有障礙物時將採取反應繞過障礙物並繼續行駛。

圖 4.16 為美國物流巨頭聯邦快遞（FedEx）所推出的自動送貨機器人，作為所面臨徵才困難問題的對應措施，目前能夠進行自動駕駛於人行道與街道外側，並能夠穿越斜坡完成無人的包裹配送服務，還能自動打開箱子安全地將貨品運送到客戶手中。

▲ 圖 4.16　聯邦快遞的自動送貨機器人

圖 4.17 為美國物流巨頭聯邦快遞（FedEx）與自動駕駛技術開發商 Nuro 合作開發的無人送貨車，目前正運行於公共街道進行開放性測試，比自動送貨機器人能夠乘載更多的包裹，可以進一步擴大貨品運送的範圍。在這防疫的當下諸如此類的非接觸式取送貨品，尤其是在人口稠密的區域，更能凸顯無人送貨於未來發展的重要性，同時也具備克服了交通壅塞和停車限制的問題的契機。

▲ 圖 4.17　聯邦快遞的無人送貨車

自動送貨機器人又稱為個人物品運送裝置（Personal Delivery Device,
PDD）為自主移動機器人應用類型之一，是一種具有動力運行於地面的
運輸設備，專門為運送貨物而設計，並能夠自主運動或遠程操作的驅動
系統 [34]，主要行駛於人行道、特定人行區域或是特定街道，所以又稱
為人行道運送機器人。圖 4.18 顯示當自主移動機器人的運行使用區域
逐漸與民眾的生活空間有重疊，安全的規範與需求就顯得愈來愈重要。

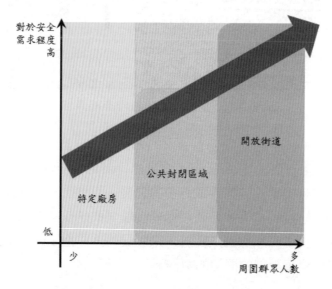

▲ 圖 4.18　安全的規範與需求

對環境具有零污染、節能等優點，再加上可以厚植技術創新軟硬實力與
創造就業機會等因素，美國有些州已經訂定特定法規促使具備自主能力
的個人物品運送裝置使用的合法化，維吉尼亞州於 2017 年成為第一個
允許使用個人物品運送裝置的地方，並逐步放寬對於行駛區域、速度、
設備尺寸以及乘載重量的規定。

根據賓夕法尼亞州車輛法規（圖 4.19）將 PDD 歸類為行人，並限制
PDD 在道路或路肩上行駛必須依循相同的交通方向，還允許能夠於公

共街道使用，但必須將街道的優先使用權禮讓給行人或自行車。另外第
106 號法案還規定了 PDD 的規格大小、乘載重量（550 磅）及行駛速度
的上限（每小時 25 英里）。未來將會有更多類似的自主移動機器人被
採用運行於道路上，為了確保能夠達到應有的可靠度與安全性，國際標
準化組織也製定了移動機器人設計、製造以及安全相關能夠遵循的規
範，目前相關標準的制定正在迎頭趕上這項新技術的發展速度。

**Per the Pennsylvania vehicle code, PDDs are classified as pedestrians and are
afforded the same rights.** PDDs must operate like a pedestrian with three
exceptions:

1. PDDs must yield the right-of-way to all pedestrians and pedalcyclists in a
   pedestrian area.
2. PDD must travel in the same direction of traffic when traveling on a roadway
   or shoulder/berm.
3. In specific circumstances, a PDD may operate within the travel lane of a
   roadway.

▲ 圖 4.19　美國賓夕法尼亞州 PDD 法規

無人搬運車已經過多年的發展，所遵循相關的規範 ANSI/ITSF B56.5
（美國）、EN 1525（歐盟）的發展日趨成熟，制定了符合大多數使用條
件的相關嚴格安全要求，由於自主移動機器人由無人搬運車延伸發展而
來，導入的使用場域條件相符，在當時還沒有新規範被完整提出時，成
為必須遵循相關標準，填補了移動機器人安全領域規範的空白，但這些
規範著重於工業車輛的應用。

隨著各種自主移動機器人新興技術的發展，應用於複雜應用場景的安全
要求已不是現行規範所能夠涵蓋，世界各標準組織正在為自主移動機器
人制定新的標準。圖 4.20 顯示的 ISO 3691-4 被提出並被認為是目前最
全面、最適用於自主移動機器人的國際標準，具備更全面的安全功能系

統的要求，包含安全監控功能與安全停車機制，並增加了自主移動設備才具備功能的相關安全規範。同時在美國也提出了新的規範，ANSI/RIA R15.08 為自主移動機器人需要參照的規範。表 4.3 顯示無人搬運車與自主移動機器所須遵循的規範，當然這些規範會與時俱進的加以修訂，符合對於民眾或是環境在安全與汙染上的疑慮。

表 4.3　無人搬運車與自主移動機器規範

	歐盟	美國
無人搬運車	EN 1525	ANSI/ITSF B56.5
自主移動機器人	ISO 3691-4	ANSI/RIA R15.08

	EN 1525:1997	ISO 3691-4:2020		
Title	Safety of industrial trucks - Driverless trucks and their systems	Industrial trucks. Safety requirements and verification.		
Machinery Directive	98/37/EC (Outdated)	2006/42/EC (Current active)		
Pages	21 pages	94 pages		
SRP/CS Safety Level	EN 954 (Replaced by EN ISO13849 in 2006) Structure (Category)	EN ISO 13849 PL,MTTFd,Category,DC,CCF	Structure	
			Reliability	
			Diagnosis	
			Resistance	
			Process	
References Standard	Outdated or obsolete	All of the normative references are updated and references to		
Hazard list	General hazards	More comprehensive	Mode of operation	
Operating zone	Requirements for preparation of the operating zones	Additional tables for the truck travels within a continuous fixed closed structure		
Information for use	General signals and warning requirements	ISO 15870:2000 - safety signs and hazard pictorials on powered	Signals and warning systems	
			Marking, signs and written warinings	
			Any accompanying documents	
Verification	General verification and commissioning	Design check		
		Calculation		
		Inspection (visual or audible)		
		Measurement		
		Functional test		
Control System	Speed control	More comprehensive		
	Automatic battery charging			
	Load handling			
	Steering			
	Warnings			
	Emergency Stop			
	Personnel detection means			
	-	Braking System		

▲ 圖 4.20　EN 1525 與 ISO 3691-4 比較

◇ **4.4** 小結

- 自動駕駛車即是具備人工智慧的車輛，目標是速度及方向控制都無需人為操作，無人自走車是一個相對較簡單的自動駕駛車的雛形。

- 無人自走車是由各種不同元件所組成的複雜系統，每個元件具備不同的功能，可以簡化為控制與驅動的兩層化結構，也是所謂的上位機與下位機的結合。

- 下位機主要考慮硬體驅動和數據資訊擷取之類的問題，需要考慮的是驅動能力及穩定度的表現。

- 上位機控制系統開發在意的是，其運算性能可以達到演算法運算需求，並如何在特定平台上快速有效地進行開發。

- 以 ROS2 作為上位機控制層的軟體系統，透過 ROS 訊息溝通框架，連結遠端電腦上的 MATLAB® 建構分散式運算的系統框架。

- 在遠端電腦的 MATLAB® 環境下進行自走車自主導航控制系統開發實作，採用不同的演算法達成路徑規劃、路徑追蹤、動態避障功能。

- 快速隨機搜索樹演算法由根節點開始，通過隨機採樣方式增加節點，延伸探索到整個可用區域，如此向外擴拓成一個隨機擴展的樹狀結構。

- 快速隨機搜索樹演算法的優點可以覆蓋較廣的搜索範圍，有效的搜索整個區域，使得路徑規劃問題簡化而快速得到結果，適合解決多自由度和複雜環境中的路徑規劃問題。

- 單純追蹤演算法是路徑追蹤的一種方法，使自走車盡可能正確地行走於規劃好的理想路徑上，持續追隨著在理想路徑上的某個目標點。

- 單純追蹤演算法較小的前視距離設定將使無人自走車快速地向理想路徑移動，如此比較可能會發生圍繞路徑振盪擺動狀況，較大的前視距離設定，朝向期望目標點移動時理想路徑的轉彎處就會被忽略，導致在某些狀況下偏移理想路徑太多的狀況。

- 向量直方圖演算法簡稱 VFH 演算法，通過自走車上的感測器探測運動環境狀況得到障礙物資訊，採用統計方式計算障礙物的位置及方位資料，進而求得各個方向的行進代價。

- 對自走車而言佔據柵格地圖的使用最為廣泛，對於路徑規劃與導航最為方便。

- 佔據柵格地圖就是把一系列的格子以二維的方式排列，用來表示整個場域環境，每一個格子都有一個數值，代表了實際環境中這一個位置被障礙物佔據的可能機率。

- 雷射測距感測器（LiDAR）會向固定的方向發射雷射光束，如果有障礙物存在雷射光束就會被反射，感測器就能從發射到接收的時間差計算出與障礙物的距離。

- 同步定位與地圖建構是指採用感測器對周圍環境進行採集，計算自走車自己的位置的當下，同時構建真實場域環境地圖，目的在於解決在未知環境下的定位與場域地圖構建問題。

- 世界各國都有制定安全法規，用來確認產品符合相關要求，對於民眾的健康、安全，或是對於環境不會有傷害及汙染問題。

- CE 認證是歐盟的強制性規範，不符合標準的產品並無法於歐洲經濟區市場上販售

- UL 認證是美國的強制性規範，若產品沒有認證則在美國境內絕大多數地區將無法獲得銷售許可。

- 美國能源之星目的是希望降低能源消耗並減少所排放的溫室效應氣體，是一項促使消費產品能更節約能源而設立的國際標準。

- ISO（International Organization for Standardization）是國際標準化組織的簡稱，主要是制定全世界工商業所適用的國際標準建立機構，ISO 的國際標準以數字表示。

- 無人搬運車（AGV）主要是遵循地面上的導引裝置，並能夠依循導引裝置的行駛預定的路徑，當路徑中有障礙物時將停止前進。

- 自主移動機器人（AMR）主要是遵循動態規劃無障礙並有效的行駛路徑，隨時因應當下環境變化修正路徑，當路徑中有障礙物時將採取反應繞過障礙物並繼續行駛。

- 具備自主移動能力使得 AMR 比 AGV 更為靈活，可以避免碰撞發生順利完成任務外，還必須要具備各種安全機制，確保 運行時仍然能夠維持周圍民眾及設備的安全。

- 自動送貨機器人又稱為個人物品運送裝置（PDD）為自主移動機器人的應用，是一種具有動力運行於地面的運輸設備，專門為運送貨物而設計。

- 當自主移動機器人的運行使用區域逐漸與民眾的生活空間有重疊，安全的規範與需求就顯得愈來愈重要。

- 無人搬運車所需遵循的規範為 ANSI/ITSF B56.5（美國）、EN 1525（歐盟）。

- ANSI/RIA R15.08（美國）、ISO 3691-4（歐盟）是目前最適用於自主移動機器人的國際標準，具備更全面的安全功能系統的要求，並增加了自主移動設備才具備功能的相關安全規範。

4.4 小結

無人自走車初階實驗

本書目的是希望讀者可以建構出一套具備有自主導航定位能力的自走車控制系統，其功能包括依據給定的場域地圖資料，從起始點開始到目標點進行路徑規劃，導航行駛時並能夠依據場域環境的變化自主閃避障礙物，最後能夠到達目標點。

實驗設備將採用 ROS2 架構的 Turtlebot3 Burger 作為無人**自走車實驗平台**，其控制核心的上位機採用的是 Raspberry Pi3 單板電腦，與下位機採用 Arduino 架構的馬達驅動板所組成的架構。實驗平台的自走車最高行駛速度可以到達 0.22 m/s；並裝置有雷射測距感測器（LiDAR），所涵蓋的探測範圍為 360 度，具備有 1 度的角度解析度，取樣頻率規格為 1.8 KHz，偵測距離範圍最近為 0.12 公尺到最遠 3.5 公尺，具有相當不錯的解析能力及涵蓋範圍。

自走車系統架構如圖 5.1 顯示，作為控制系統的遠端電腦則是安裝 MATLAB® 軟體系統，建議是 R2019a 之後的版本，具備有 ROS 工具庫（ROS Toolbox）套件；另外需要具備無線網路環境，可讓遠端電腦及自走車上的上位機單板電腦可以透過無線網路進行溝通。

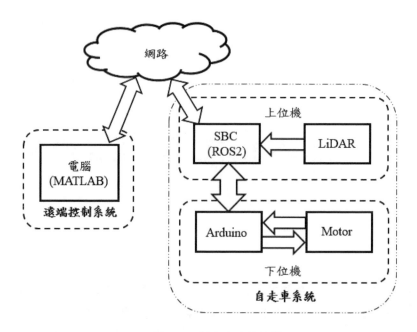

▲ 圖 5.1 自走車系統架構

透過遠端電腦上的 MATLAB® 作為控制核心來建構自走車的自主導航控制系統，執行所預期的控制邏輯，並使用 MATLAB® 具備有多種演算法、工具庫（Toolbox）與方便開發使用的優點，能夠快速開發建立、執行並驗證所建立的自主導航的控制邏輯，並配合 ROS（Robot Operating System）系統架構及訊息格式，控制系統可以與自走車硬體設備進行資料溝通並傳遞指令。

圖 5.2 顯示為自走車整體系統的訊息傳遞架構概念，ROS-based 的無人自走車實驗平台，採用 ROS 的訊息格式傳遞雷射測距（LaserScan）和里程計（Odometry）資訊給安裝 MATLAB® 的遠端電腦，經過所預期的演算法計算之後再傳遞速度指令（Twist）給自走車。

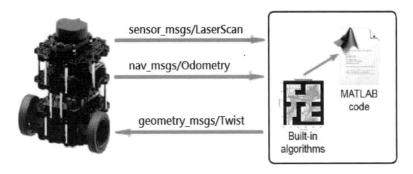

▲ 圖 5.2　系統訊息傳遞架構

（CC BY-4.0 by https://www.turtlebot.com/）

（CC BY-SA 3.0 by https://mathworks.com/）

本章節開始實驗操作自走車基礎實驗操作，從通訊連結自走車的 ROS2 與 MATLAB® 系統開始，採用個別功能的實驗操作方式，讀者可以循序漸進學習如何驅動自走車移動，以及如何控制自走車移動到定位點，並能夠了解自走車的主要元件及功能，此外還可以學習到 MATLAB® 軟體的圖形化操作介面及程式指令。

◇ **5.1　實驗準備**

在開始進行自走車基礎實驗操作前，需要先準備的實驗設備與器材有以下項目，前三項是基礎實驗操作前必須先準備並架設好。

- Turtlebot3 Burger 一部，電池可以多準備幾個。
- 可連網的電腦一部。
- 區域無線網路。
- 巧拼（至少 40 片）。

其中區域無線網路是比較需要費心架設，因為無線網路訊號對於各種物質的穿透能力是不同的，如果中間相隔著不易穿透的物體，雖然還是可以互相傳送訊號進行通訊，可是當距離較遠時，就很容易發生通訊不良狀況。在實驗進行中可能不會一直確認無線網路的訊號狀況，所以儘量避免實驗用的設備分佈於不同房間或是距離很遠。

就硬體設備設置來說，安裝區域無線網路其實很容易，只要接上無線網路路由器的電源，並將電源開關打開就可以，接著將實驗用的 Turtlebot3 Burger 與遠端電腦都連接到相同的路由器，形成一個小型的區域網路，這樣所有裝置就都在同一網域裡。

一般來說，每一個無線網路路由器都會有一組預設 IP address，可以將 Turtlebot3 Burger 與遠端電腦都設定成使用 DHCP（動態主機設定協定，Dynamic Host Configuration Protocol）方式自動取得 IP address，在連接上路由器後就會自動分配到一組 IP address，在同一網域下如果路由器預設 IP 為 192.168.100.50，如圖 5.3 顯示那麼其他兩個裝置的 IP address 應該是為 192.168.100.AAA 與 192.168.100.BBB，如此基本上就完成了區域無線網路的架設。

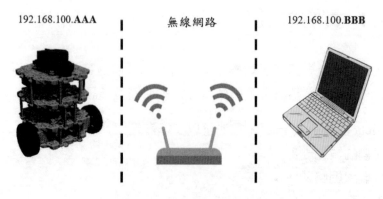

▲ 圖 5.3　自走車學習系統架構

5.1.1 遠端電腦登入

進行實驗時並無法隨時將自走車上位機的單板電腦與外接螢幕、鍵盤相連接，採用的方式為透過安裝 MATLAB® 軟體系統的遠端電腦來操作，以 SSH 的方式由遠端電腦連接自走車上位機。SSH 就是 Secure Shell 的縮寫，由 IETF 的網路工作小組所訂定標準，是一個較為安全的網路傳輸協定，可以避免當明碼資料於傳輸當中被截獲後容易被破解的問題，所使用的保護機制產生另一個好處是資料經過壓縮後再傳輸，間接地增加了資料的傳輸速度。

PuTTY 是一個可在 Windows 平台執行的整合虛擬終端軟體套件，可以支援多種網路協定，可以透過這個軟體由遠端電腦登入自走車上位機的 Linux 環境進行操作。透過以下連結下載 PuTTY，這個連結會以最新的版本開放下載。一般的教學是下載版本為 64-bit x86 的安裝檔案，圖 5.4 顯示目前的最新本為 putty-64bit-0.76-installer.msi，這樣可以安裝全部的套件，由於目前只有 SSH 的使用需求，可以搜尋 SSH 關鍵字，下載 putty.exe 檔案即可。

https://www.chiark.greenend.org.uk/~sgtatham/putty/latest.html

於 Windows 作業系統中執行 putty.exe 檔案，開啟程式後如圖 5.5 顯示可以選擇 Windows -> Appearance 的 Cursor appearance 改為 Underline，設定游標顯示方式，讓輸入時游標能更清楚顯示。

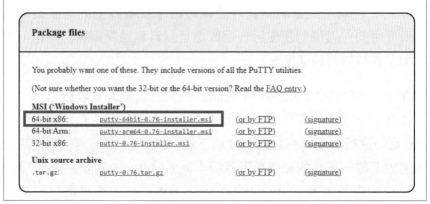

▲ 圖 5.4　PuTTY 下載網頁

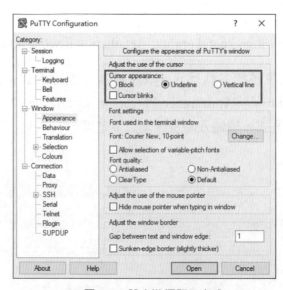

▲ 圖 5.5　設定游標顯示方式

圖 5.6 顯示於 Host Name 下方輸入自走車上位機的 IP address，按下 Open 按鈕進行連線，如圖 5.7 顯示即成功連接到自走車上位機的 Linux 環境，輸入帳號（ubuntu）與密碼後即可登入，接下來就如同親自使用鍵盤連接自走車的上位機一般進行操作，操作內容可以複習 2.5 ROS 基本操作章節。

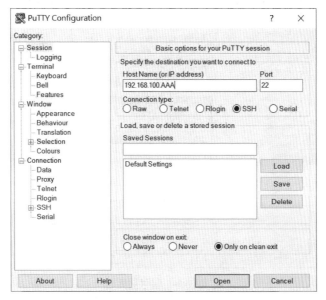

▲ 圖 5.6　輸入自走車上位機的 IP address

▲ 圖 5.7　等待輸入帳號與密碼

圖 5.8 顯示可以另外給定一個名稱將設定好的 IP address 等設定值儲存起來，這樣可以方便往後的使用就可以不需先進行設定就可以直接套用相同的設定值。接下來使用 SSH 的操作方式，嘗試於 ROS2 的操作環境中進行 topic 的發佈與訂閱的練習。

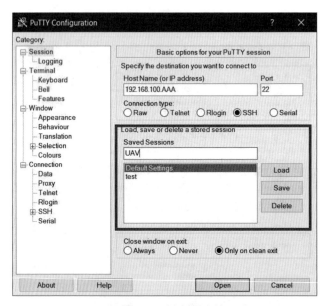

▲ 圖 5.8 儲存設定值

執行 PuTTY 程式並登入自走車上位機的 Linux 環境，輸入以下指令可以初始化 Turtlebot3 Burger 實驗平台，並將系統掛載到 ROS2 網域，讓在相同 ROS2 網域的其他裝置可以相互識別。

```
$ ros2 launch turtlebot3_bringup robot.launch.py
```

確認文字輸出訊息與圖 2.23 所顯示相同的畫面後，執行第二個 PuTTY程式並登入自走車上位機的 Linux 環境，輸入以下指令列出目前掛載於ROS2 網域的 topic，

```
$ ros2 topic list
```

預期是可以看到與圖 2.26 顯示的相同或是類似的文字輸出訊息，接下來嘗試對 /chat topic 發佈資料，發佈就是輸出的意思，輸入以下指令列嘗試對 /chat topic 發佈字串資料。

```
$ ros2 topic pub /chat std_msgs/String "data: Chatting..."
```

指令輸入後會出現如圖 5.9 輸出，表示字串資料發佈已經正在進行，並且字串資料的訊息會一直持續發佈。

```
ubuntu@ubuntu:~$ ros2 topic pub /chat std_msgs/String "data: Chatting..."
publisher: beginning loop
publishing #1: std_msgs.msg.String(data='Chatting...')

publishing #2: std_msgs.msg.String(data='Chatting...')

publishing #3: std_msgs.msg.String(data='Chatting...')

publishing #4: std_msgs.msg.String(data='Chatting...')
```

▲ 圖 5.9　對 /chat topic 發佈資料

接下來執行第三個 PuTTY 程式建立第三個操作環境，並登入自走車上位機的 Linux 環境，並列出目前掛載於 ROS2 網域的 topic，預期會出現類似如圖 5.10 的輸出相同，會看到增加一個 /chat topic，這是剛剛發佈資料時才被掛載的 topic。

```
ubuntu@ubuntu:~$ ros2 topic list
/chat
/parameter_events
/robot_description
/rosout
/scan
/tf
```

▲ 圖 5.10　列出目前掛載於 ROS2 網域的 topic

嘗試輸入以下指令查看 std_msgs/String 這個訊息格式（message type）的訊息資料結構，了解所組成的資料類型。

```
$ ros2 interface show std_msgs/msg/String
```

圖 5.11 顯示 std_msgs/String 的資料結構只有包含一組字串資料，代表這個訊息格式只能用於字串資料的傳遞。

```
ubuntu@ubuntu:~$ ros2 interface show std_msgs/msg/String
# This was originally provided as an example message.
# It is deprecated as of Foxy
# It is recommended to create your own semantically meaningful message.
# However if you would like to continue using this please use the equivalent
  in example_msgs.

string data
```

▲ 圖 5.11　ros2 interface show std_msgs/msg/String

接著嘗試輸入以下指令查看 /chat 這個 topic 的資訊。

```
$ ros2 topic info /chat
```

圖 5.12 顯示 topic /chat 所使用的訊息格式（message type）為 geometry_msgs/Twist，並顯示出有一個發佈者存在於 ROS2 網域中。

```
ubuntu@ubuntu:~$ ros2 topic info /chat
Type: std_msgs/msg/String
Publisher count: 1
Subscription count: 0
```

▲ 圖 5.12　ros2 topic info /chat

接著嘗試輸入以下指令訂閱 /chat 這個 topic 的資訊，訂閱就是輸入的意思，讀取與 /chat topic 資料傳輸有關的訊息。

```
$ ros2 topic echo /chat
```

於指令輸入後接著會出現如圖 5.13 輸出，表示已訂閱關於 /chat topic 的訊息，並把接收到字串資料於文字訊息中輸出，並且輸出會一直持續進行

```
ubuntu@ubuntu:~$ ros2 topic echo /chat
data: Chatting...
---
data: Chatting...
---
data: Chatting...
---
data: Chatting...
---
data: Chatting...
```

▲ 圖 5.13　ros2 topic echo /chat

接著執行第四個 PuTTY 程式並登入自走車上位機的 Linux 環境，並嘗試輸入指令查看 /chat topic 的資訊，會看到如圖 5.14 顯示的輸出，跟剛剛的輸出比較，多了一個訂閱的資訊，所以可以知道掛載於 ROS2 網域的資訊是會隨著裝置的使用狀況隨時更新。

```
ubuntu@ubuntu:~$ ros2 topic info /chat
Type: std_msgs/msg/String
Publisher count: 1
Subscription count: 1
```

▲ 圖 5.14　指令察看 topic 的資訊

5.1.2 小結

■ 無線網路訊號會因中間相隔的物體而衰減穿透能力，當距離較遠就很容易發生通訊不良狀況。

■ 所有裝置都連接到相同的路由器，這樣就形成一個小型的區域網路，所有裝置都會在相同的網域。

■ 將所有裝置設定成使用 DHCP（動態主機設定協定）自動取得 IP
  address，當與路由器連接後就會自動分配到一組 IP address，這樣可
  以減少個別裝置設定 IP address 的步驟。

■ 採用 SSH 的方式由遠端電腦連接登入自走車上位機的 Linux 環境進
  行操作，這樣可以減少自走車實驗平台的外接裝置以及方便於行駛
  實驗的進行。

■ 以下指令可以初始化 Turtlebot3 Burger 實驗平台，並將系統掛載到
  ROS2 網域，讓在相同 ROS2 網域的其他裝置可以相互識別。

```
$ ros2 launch turtlebot3_bringup robot.launch.py
```

◇ 5.2 建立自走車與 MATLAB® 的連結

首先需要建立自走車上位機的 ROS2 與遠端電腦 MATLAB® 的連結，
ROS2 容許不同的裝置全部都可以經由網路建立連結，建議裝置都在同
一網域裡，以方便故障狀況排除及除錯。所以首先需要檢查並確認無人
自走車實驗平台能夠連上區域網路，及所分配到的 IP address，來確認
是否有正確連網才可進行實驗。

5.2.1 程式說明

在 MATLAB® 環境下，表 5.1 顯示可以透過 ros2node 指令初始化節點
（Node）開始 ROS2 程式的建立，其功能是用來將節點掛載於 ROS2 網
域建立與自走車的連結。

表 5.1　MATLAB® 的 ROS2 函式

ros2	Retrieve information about ROS 2 network
ros2node	Create a ROS 2 node on the specified network
ros2subscriber	Subscribe to messages on a topic
ros2publisher	Publish messages on a topic
ros2message	Create ROS 2 message structure

接 著 透 過 **ros2subscriber**、**ros2publisher**、**ros2message** 指 令，依 照 ROS2 架構的訊息架構格式，對所需要的 Topic（LiDAR、Odometry、Twist）進行訂閱與發佈，如此就可以透過 Message 溝通資料並傳遞指令，建立連線的步驟如下：

- 在 MATLAB 主視窗 **Home** 分項找到 **New Script** 圖標，建立一個程式碼編輯視窗（圖 5.15 顯示），或可由程式碼編輯器中點選 + 符號建立一新的程式碼編輯視窗（圖 5.16 顯示）。

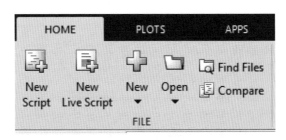

▲ 圖 5.15　Home > New Script

▲ 圖 5.16　點選 + 符號建立程式碼編輯視窗

- 在新增的程式碼編輯視窗中輸入與自走車建立連結的 MATLAB 程式碼（圖 5.17 顯示）並儲存檔案。執行 ros2node 指令掛載於 ROS2 網域建立與自走車的連結，同時建立實驗中會使用到的相關訂閱與發佈 ROS Topic 的別名（odomSub、scanSub、velPub、velData），方便於程式中使用。

```matlab
1    %% 連結 MATLAB 與自走車
2    setenv("ROS_DOMAIN_ID", "30");
3    mtnode = ros2node("/matlab_test_node");
4    pause(10);
5
6
7    %% 建立訂閱與發佈別名
8    odomSub = ros2subscriber(mtnode, "/odom",...
9                        "Reliability", "reliable",...
10                       "Durability", "volatile",...
11                       "History", "keeplast",...
12                       "Depth", 1);
13
14   scanSub = ros2subscriber(mtnode, "/scan",...
15                       "Reliability", "besteffort",...
16                       "Durability", "volatile",...
17                       "History", "keeplast",...
18                       "Depth", 1);
19
20   velPub = ros2publisher(mtnode, "/cmd_vel",...
21                       "Reliability", "reliable",...
22                       "Durability", "transientlocal",...
23                       "History", "keeplast",...
24                       "Depth", 1);
25   velData = ros2message("geometry_msgs/Twist");
26   pause(5)
27
```

```
28  % 讀取里程計及 LiDAR 感測器資料
29  receive(odomSub, 5);
30  receive(scanSub, 5);
31  odomData = odomSub.LatestMessage;
32  scanData = scanSub.LatestMessage;
```

▲ 圖 5.17　建立系統連結程式

- 程式碼第二列指定 ROS2 網域的 ROS_DOMAIN_ID，需要與 2.4.3.2 章節的設定值相同，所以設定為 30。

- 因為 MATLAB 以 %% 符號作為區段分隔，執行圖 5.17 程式可以選擇命令列表的 **Editor** 分項中項目 **Run and Advance** 進行區段執行（圖 5.18 顯示），用來確認分段執行是否有問題，這樣可以方便問題解析，或是 **Run** 一次執行整個檔案。

▲ 圖 5.18　Run and Advance 圖標

5.2.2　實驗結果

執行圖 5.19 程式使 MATLAB® 系統與自走車成功建立連結後，可以在 MATLAB 命令視窗中使用 ROS2 指令檢查整體系統連結是否正確的被建立。圖 5.7 顯示在命令視窗的提示符號 ">>" 之後輸入指令 ros2（ "topic", "list" ），顯示目前 ROS2 網域中已經掛載的 ROS Topic，檢查

整體系統連結是否正確的被建立，必須要確認其中的 /odom、/scan、/
cmd_vel 是實驗中需使用多次的主要項目，必須要正確掛載用來資料溝
通使用，也可以輸入指令 ros2 topic list。

```
>> ros2('topic', 'list')
/battery_state
/clock
/cmd_vel
/imu
/joint_states
/magnetic_field
/odom
/parameter_events
/robot_description
/rosout
/scan
/sensor_state
/tf
/tf_static
```

▲ 圖 5.19　ros2 topic list 指令

圖 5.20 顯示在 MATLAB 命令視窗輸入指令 **ros2 topic list -t** 可以更
了解每一個 Topic 所對應的訊息格式（message type）。可以看到速
度 Topic /cmd_vel 使用的訊息格式為 geometry_msgs/Twist 的訊息，
LiDAR 感測器 Topic /scan 使用的訊息格式為 sensor_msgs/LaserScan，
里程計 Topic /odom 使用的訊息格式為 nav_msgs/Odometry。

另外可以在命令視窗使用指令 ros2（"node", "list"）來獲得 ROS2 網域
中被掛載的 Node，原則上是所有的 Node 都可以觀察到。另外，也可
以使用指令 ros2（"msg", "list"）來查詢目前 ROS2 網域中所有訊息格
式的資訊（圖 5.21 顯示）。

```
>> ros2 topic list -t
        Topic                           MessageType
    _____            _____

    {'/battery_state'    }      {'sensor_msgs/BatteryState'      }
    {'/clock'            }      {'rosgraph_msgs/Clock'           }
    {'/cmd_vel'          }      {'geometry_msgs/Twist'           }
    {'/imu'              }      {'sensor_msgs/Imu'               }
    {'/joint_states'     }      {'sensor_msgs/JointState'        }
    {'/magnetic_field'   }      {'sensor_msgs/MagneticField'     }
    {'/odom'             }      {'nav_msgs/Odometry'             }
    {'/parameter_events' }      {'rcl_interfaces/ParameterEvent'}
    {'/robot_description'}      {'std_msgs/String'               }
    {'/rosout'           }      {'rcl_interfaces/Log'            }
    {'/scan'             }      {'sensor_msgs/LaserScan'         }
    {'/sensor_state'     }      {'turtlebot3_msgs/SensorState'   }
    {'/tf'               }      {'tf2_msgs/TFMessage'            }
    {'/tf_static'        }      {'tf2_msgs/TFMessage'            }
```

▲ 圖 5.20　ros2 topic list -t 指令

```
>> ros2("msg", "list")
geometry_msgs/Pose
geometry_msgs/PoseStamped
geometry_msgs/Quaternion
geometry_msgs/QuaternionStamped
geometry_msgs/Transform
geometry_msgs/TransformStamped
geometry_msgs/Twist
nav_msgs/OccupancyGrid
nav_msgs/Odometry
sensor_msgs/JointState
sensor_msgs/Joy
sensor_msgs/LaserEcho
sensor_msgs/LaserScan
```

▲ 圖 5.21　ros2（"msg", "list"）指令

在命令視窗輸入指令 ros2（"msg", "show", Message Type）可以用來了解相對應訊息格式（Message Type）的訊息結構。圖 5.22 顯示 Twist 訊息資料結構，作為由控制器傳送給自走車的主要速度指令，圖 5.23 顯示 Twist 資料結構包含的子項目為有線速度與角速度及其所包含的 XYZ 各軸分量。關於 geometry_msgs/Twist 訊息結構，還有相關子項目資訊可以參考，

http://docs.ros.org/en/diamondback/api/geometry_msgs/html/msg/Twist.html

http://docs.ros.org/en/melodic/api/geometry_msgs/html/msg/Vector3.html

```
>> ros2("msg", "show", "geometry_msgs/Twist")
# This expresses velocity in free space broken
  into its linear and angular parts.
Vector3  linear
Vector3  angular
```

▲ 圖 5.22　ros2（"msg", "show", "geometry_msgs/Twist"）指令

```
Vector3 linear
    float64 x
    float64 y
    float64 z
Vector3 angular
    float64 x
    float64 y
    float64 z
```

▲ 圖 5.23　geometry_msgs/Twist 資料結構

圖 5.24 顯示為 LaserSacn 訊息資料結構，用來表示自走車使用 LiDAR 感測器探測周圍環境所接收的資訊。關於 sensor_msgs/LaserScan 訊息結構，還有相關子項目資訊可以參考以下網址。

http://docs.ros.org/en/melodic/api/sensor_msgs/html/msg/LaserScan.html

```
>> ros2("msg", "show", "sensor_msgs/LaserScan")
# Single scan from a planar laser range-finder
#
# If you have another ranging device with different behavior (e.g. a sonar
# array), please find or create a different message, since applications
# will make fairly laser-specific assumptions about this data

std_msgs/Header header # timestamp in the header is the acquisition time of
                       # the first ray in the scan.
                       #
                       # in frame frame_id, angles are measured around
                       # the positive Z axis (counterclockwise, if Z is up)
                       # with zero angle being forward along the x axis

float32 angle_min          # start angle of the scan [rad]
float32 angle_max          # end angle of the scan [rad]
float32 angle_increment    # angular distance between measurements [rad]

float32 time_increment     # time between measurements [seconds] - if your scanner
                           # is moving, this will be used in interpolating position
                           # of 3d points
float32 scan_time          # time between scans [seconds]

float32 range_min          # minimum range value [m]
float32 range_max          # maximum range value [m]

float32[] ranges           # range data [m]
                           # (Note: values < range_min or > range_max should be discarded)
float32[] intensities      # intensity data [device-specific units].  If your
                           # device does not provide intensities, please leave
                           # the array empty.
```

▲ 圖 5.24　ros2（"msg", "show", "sensor_msgs/LaserScan"）指令

圖 5.25 為表示自走車位置的 Odometry 訊息資料結構，圖 5.26 顯示其訊息結構包含眾多的子項目，位置資訊於本書的實驗中會多次使用，位置資訊包括 XYZ 軸各分量值及四元數各分量值。關於 nav_msgs/Odometry 訊息結構，還有相關子項目資訊可以參考以下網址。

http://docs.ros.org/en/melodic/api/nav_msgs/html/msg/Odometry.html

http://docs.ros.org/en/melodic/api/geometry_msgs/html/msg/Pose.html

http://docs.ros.org/en/melodic/api/geometry_msgs/html/msg/Point.html

http://docs.ros.org/en/melodic/api/geometry_msgs/html/msg/Quaternion.html

```
>> ros2("msg", "show", "nav_msgs/Odometry")
# This represents an estimate of a position
  and velocity in free space.
std_msgs/Header header
string child_frame_id
geometry_msgs/PoseWithCovariance pose
geometry_msgs/TwistWithCovariance twist
```

▲ 圖 5.25 ros2（"msg", "show", "nav_msgs/Odometry"）指令

```
Header header
    uint32 seq
    time stamp
    string frame_id
string child_frame_id
geometry_msgs/PoseWithCovariance pose
    geometry_msgs/Pose pose
        geometry_msgs/Point position
            float64 x
            float64 y
            float64 z
        geometry_msgs/Quaternion orientation
            float64 x
            float64 y
            float64 z
            float64 w
    float64[36] covariance
geometry_msgs/TwistWithCovariance twist
    geometry_msgs/Twist twist
        geometry_msgs/Vector3 linear
            float64 x
            float64 y
            float64 z
        geometry_msgs/Vector3 angular
            float64 x
            float64 y
            float64 z
    float64[36] covariance
```

▲ 圖 5.26 nav_msgs/Odometry 資料結構

5.2.3 小結

■ 透過結合 MATLAB® 與 ROS2 來降低進入自走車開發的門檻，配合 ROS 系統架構對硬體實驗平台進行控制。

■ ROS 通過內部處理的通訊系統進行資訊的訂閱與發佈機制，提供輕鬆耦合的運行架構。對所需要的 Topic（LiDAR、Odometry、Twist）進行訂閱與發佈，如此就可以透過 Message 溝通資料並傳遞指令。

◇ **5.3 訊息的發佈與訂閱**

在開始進行自走車控制之前，先進行在 MATLAB® 建立一個可以發佈與訂閱 ROS 訊息模組的練習，藉由這個操作熟悉 ROS 訊息發佈與訂閱的概念，圖 5.27 顯示為本章節以圖形化操作介面建立的控制模組，以 MATLAB® 發佈無人自走車的位置訊息，並藉由訂閱相同的 Topic 來接收位置資訊。

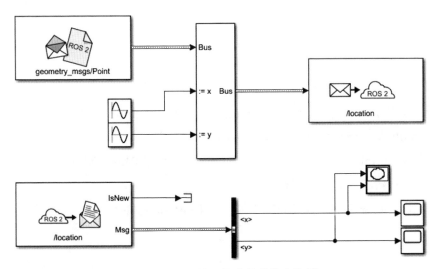

▲ 圖 5.27 位置訊息的發佈與訂閱

5.3.1 程式說明

5.3.1.1 建立訊息發佈模組

圖 5.28 顯示嘗試建構一個模組區塊可以用來傳送 geometry_msgs/Point 訊息給 /location Topic。在 MATLAB® 建立此模組的步驟如下：

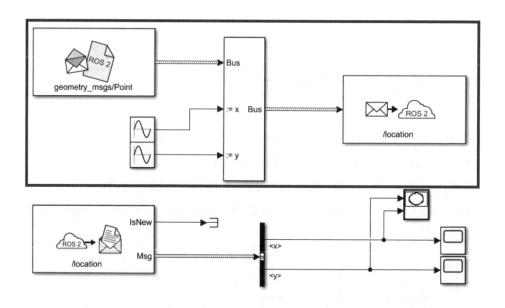

▲ 圖 5.28　位置訊息發佈模組

- 於 MATLAB 工具列選擇 **Home** > **New** > **Simulink Model**，啟動 Simulink® 作業環境。
- 於 Simulink® 作業環境下，於 **New** 分項選擇 **Blank Model**，用來建立一個新的 Simulink 模組。
- 接下來如圖 5.29 顯示首先建立一個 **Publish** 元件。

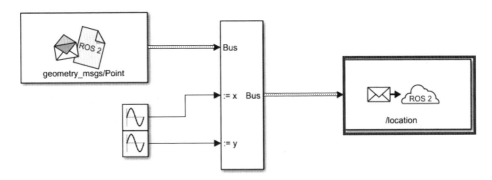

▲ 圖 5.29　位置訊息發佈模組 - Publish 元件

■ 在 Simulink 工具列，選擇 **Simulation > Library Browser** 打開元件
庫瀏覽視窗，圖 5.30 顯示於左邊視窗找到 **ROS Toolbox** 分項並選擇
ROS2 元件庫。

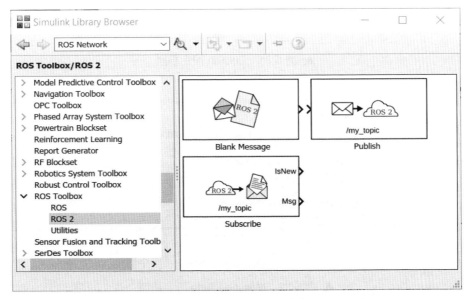

▲ 圖 5.30　ROS2 元件庫

■ 拖拉一個 **Publish** 元件到新建立的 Simulink 模組視窗裡，按滑鼠左鍵兩次打開規劃視窗，給定 Topic（圖 5.31 顯示）及 Message type（圖 5.32 顯示）所需要的資料。

■ 如圖 5.31 顯示於 **Topic source** 選項選擇 **Specify your own**，在 **Topic** 輸入 **/location**，如圖 5.32 顯示設定 **Message type** 為 **geometry_msgs/Point**。

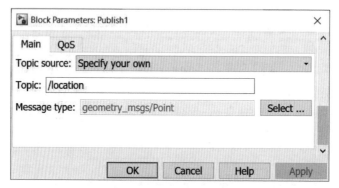

▲ 圖 5.31　Publish 設定視窗

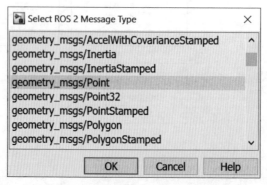

▲ 圖 5.32　Message Type 設定視窗

圖 5.33 顯示建立一個 **Blank Message** 用來指定所要發佈的自走車位置
資訊的訊息格式，建立及設置步驟如下：

■ 在 Simulink 工具列，選擇 **Simulation > Library Browser** 打開元件
庫瀏覽視窗，並於左邊視窗找到 **ROS Toolbox** 分項並選擇 **ROS2** 元
件庫（圖 5.30 顯示）。

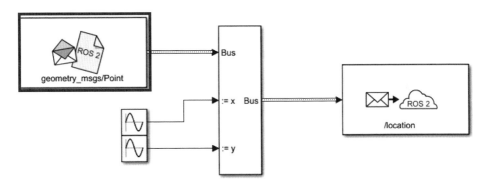

▲ 圖 5.33　位置訊息發佈模組 – Blank Message 元件

■ 拖拉一個 **Blank Message** 元件到 Simulink 模組視窗裡，按滑鼠左鍵
兩次打開規劃視窗，給定 **Message type**（圖 5.34 顯示）資料。

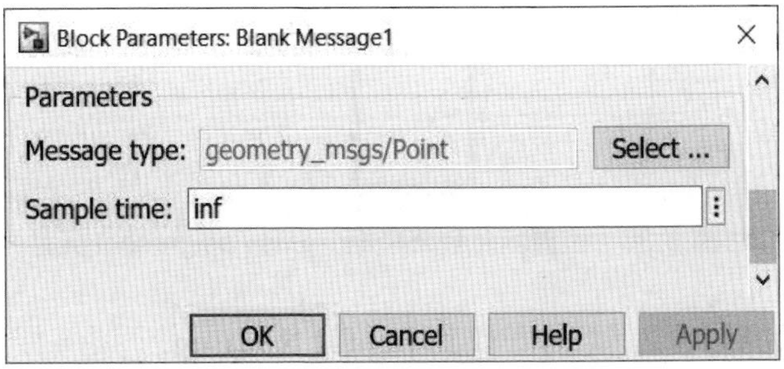

▲ 圖 5.34　Blank Message 設定視窗

- 在 **Message type** 旁 的 **Select** 按 鈕 上 按 滑 鼠 左 鍵 ， 然 後 找 到 **geometry_msgs/Point**（圖 5.35 顯示）。

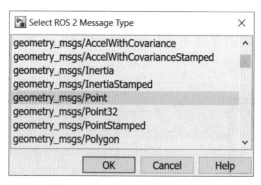

▲ 圖 5.35　Message Type 設定視窗

圖 5.36 顯示建立一個 **Bus Assignment** 用來依照訊息格式將 X、Y 的輸入值重組後輸出給訊息發佈元件，建立及設置步驟如下：

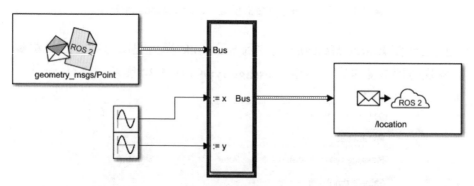

▲ 圖 5.36　位置訊息發佈模組 – Bus Assignment 元件

- 於元件庫瀏覽器左側視窗找到 **Signal Routing** 分項，找到並拖拉一個 **Bus Assignment** 元件到新建立的模組視窗裡。

- 連接 **Blank Message** 元件的輸出端，到 **Bus Assignment** 元件的輸入端。再將 **Bus Assignment** 元件的輸出，與 **ROS2 Publish** 元件相連接。

■ 在 **Bus Assignment** 元件上按滑鼠左鍵兩次打開規劃視窗，並於左側
視窗選擇 X、Y 兩個項目（圖 5.37 顯示）。

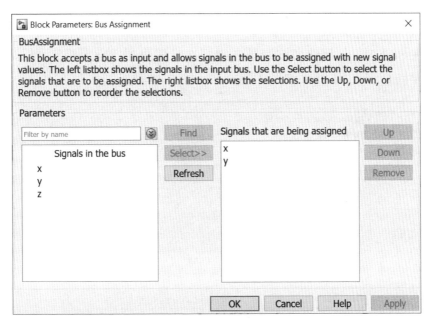

▲ 圖 5.37　Bus Assignment 設定視窗

圖 5.38 顯示建立兩個 **Sine Wave** 元件作為 X、Y 的輸入，建立及設置
步驟如下：

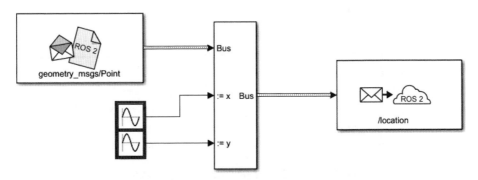

▲ 圖 5.38　位置訊息發佈模組 – Source 元件

- 在元件庫瀏覽器左側視窗找到 **Source** 分項，找到並拖拉兩個 **Sine Wave** 元件到模組視窗裡。

- 與 **Bus Assignment** 元件的 X、Y 輸入相連接，個別作為 X、Y 的輸入。

- 在 **Sine Wave** 元件上按滑鼠左鍵兩次打開規劃視窗，設定 Phase 改變為 Cosine 與 Sine 波形（圖 5.39、圖 5.40 顯示）。

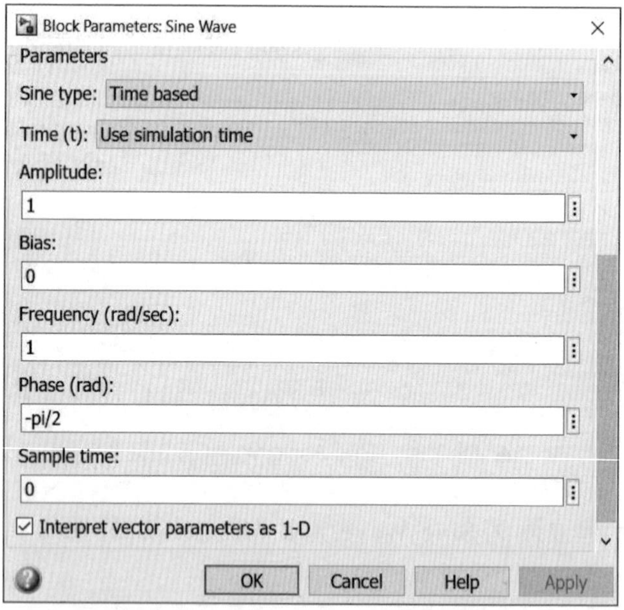

▲ 圖 5.39　輸入 X 的 Sine Wave 設定視窗

▲ 圖 5.40　輸入 Y 的 Sine Wave 設定視窗

5.3.1.2 建立訊息訂閱模組

圖 5.41 顯示嘗試建構一個模組區塊可以接收 /location Topic 的 geometry_msgs / Point 訊息。在 MATLAB® 建立此模組的步驟如下：

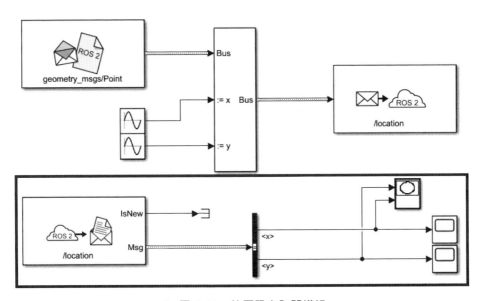

▲ 圖 5.41　位置訊息訂閱模組

■ 接下來如圖 5.42 顯示首先建立一個 **Subscribe** 元件。

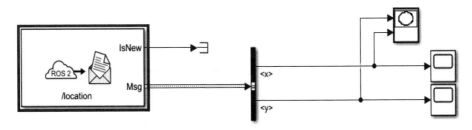

▲ 圖 5.42　位置訊息訂閱模組 – Scribe 元件

- 在 Simulink 工具列，選擇 **Simulation>Library Browser** 打開元件庫瀏覽器，並於左邊視窗找到 **ROS Toolbox** 分項並選擇 **ROS2** 元件庫（圖 5.30 顯示）。

- 拖拉一個 **Subscribe** 元件到模組，按滑鼠左鍵兩次打開規劃視窗，給定 Topic（圖 5.43 顯示）及 Message type（圖 5.44 顯示）所需要的資料。

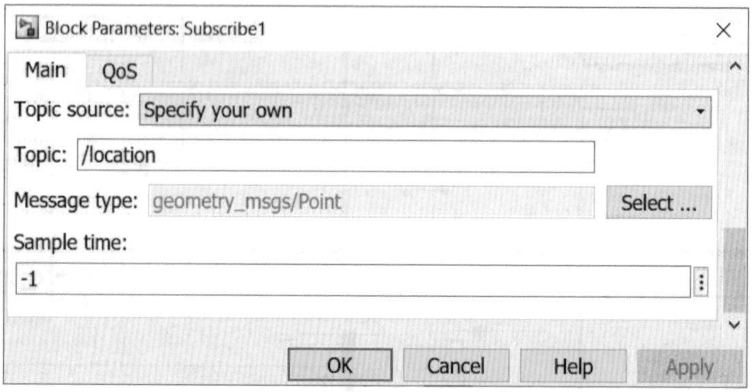

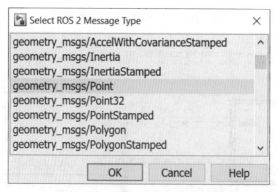

▲ 圖 5.43　Subscribe 設定視窗

▲ 圖 5.44　Message Type 設定視窗

- 如圖 5.43 顯示於 **Topic source 選項**選擇 **Specify your own**，在 **Topic** 輸入 /location，如圖 5.44 顯示設定 **Message type** 為 geometry_msgs/ Point。

- 如圖 5.45 顯示連接 **Subscribe** 元件的 **IsNew** 輸出，到 **Terminator** 元件，**Terminator** 元件可以在元件庫瀏覽器的 **Sinks** 分項中找到。

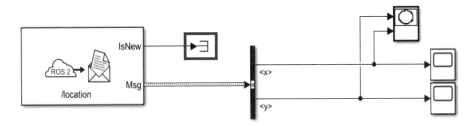

▲ 圖 5.45　位置訊息訂閱模組 – Terminator 元件

- 於 **Signal Routing** 分項拖拉出一個 **Bus Selector** 元件，與 **Subscribe** 元件相連接（圖 5.46 顯示）。

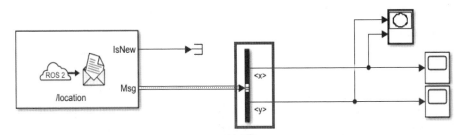

▲ 圖 5.46　位置訊息訂閱模組 – Bus Selector 元件

■ 在 **Bus Selector** 元件上按滑鼠左鍵兩次打開規劃視窗，如圖 5.47 顯示於左側視窗選擇 X、Y 兩個項目。

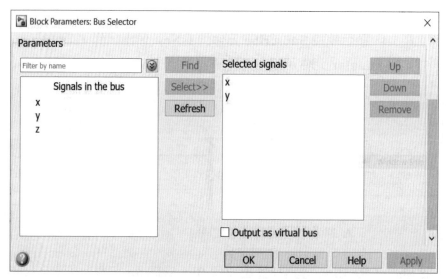

▲ 圖 5.47　Bus Selector 設定視窗

■ 在元件庫瀏覽器 **Sinks** 分項中拖拉出一個 **XY Graph** 元件，與 **Bus Selector** 元件相連接（圖 5.48 顯示）。

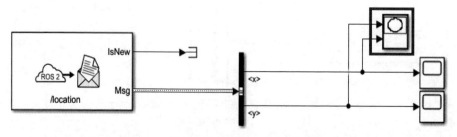

▲ 圖 5.48　位置訊息訂閱模組 – XY Graph 元件

■ 在元件上按滑鼠左鍵兩次打開規劃視窗，如圖 5.49 顯示進行設定。

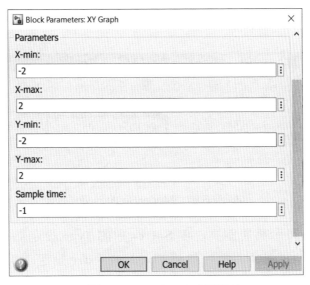

▲ 圖 5.49　XY Graph 參數設定

■ 最後於 **Sinks** 分項中拉出兩個 **Scope** 元件，並個別與 **Bus Selector** 元件相連接（圖 5.50 顯示）。

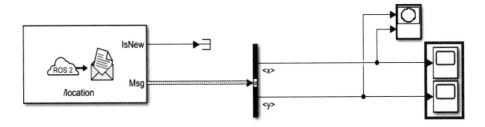

▲ 圖 5.50　位置訊息訂閱模組 – Scope 元件

5.3.2 實驗結果

- 在 **Modeling** 下拉選單中點選 **Model Settings**（圖 5.51 顯示）進行模擬。

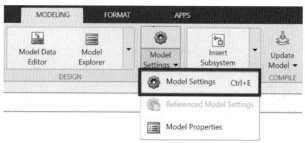

▲ 圖 5.51　Model Settings 選項

- 如圖 5.52 顯示將規劃頁左側 **Solver** 裡的 **Type** 設定為 Fixed-step 以固定頻率方式進行模擬，並將 **Fixed-step size** 設定為 0.1，以 0.1 秒速度更新資料。

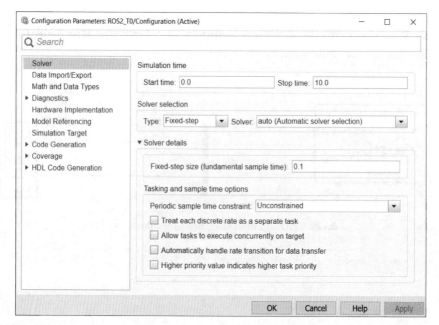

▲ 圖 5.52　Model Settings 參數設定

- 如圖 5.53 顯示設定 **Stop Time** 為 10.0，先觀察前 10 秒的輸出結果，然後按下 **Run** 開始進行實驗。

▲ 圖 5.53　模擬開始與停止

- 如圖 5.54 顯示會看到一個 XY 座標類型的輸出畫面，即為訂閱 / location Topic 所接收到的資料，就是所發佈的 Cosine 與 Sine 輸入所組成的資料。

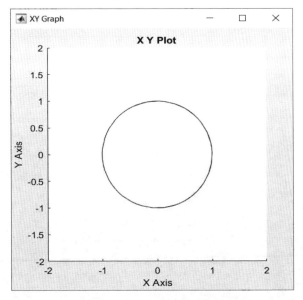

▲ 圖 5.54　XY 座標軸輸出結果

- 觀察 **Scope** 元件的輸出會得到圖 5.55 與圖 5.56 分別為 X 與 Y 的輸出，這是分別對應到所發佈的輸入，即是 Cosine 與 Sine 波形。

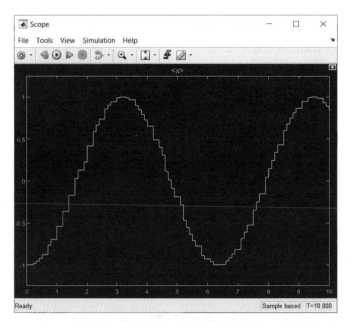

▲ 圖 5.55　X 的輸出結果

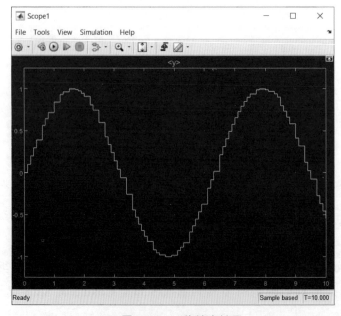

▲ 圖 5.56　Y 的輸出結果

◇ **5.4 速度指令發佈**

遠端電腦以 MATLAB® 連結無人自走車實驗平台，進行發佈速度指令驅動自走車的操作演練，圖 5.57 顯示為本章節以圖形化操作介面建立的控制模組。

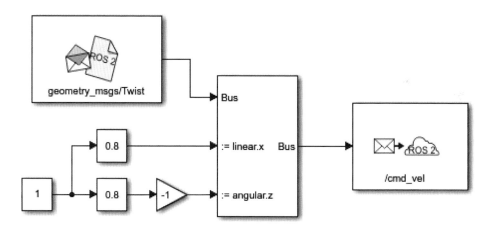

▲ 圖 5.57　發佈自走車速度指令

- 建立一個可以發佈速度指令的訊息給自走車。
- 發佈訊息格式為 **geometry_msgs/Twist** 的速度指令到 **/cmd_vel** Topic。
- **geometry_msgs/Twist** 訊息格式包含，**linear.x** 代表 X 軸的直線速度（m/s），及 angular.z 代表 Z 軸的角速度（rad/s）。

5.4.1 程式說明

- 於 Simulink® 環境下，於 **New** 分項下選擇 **Blank Model**，用來建立一個新的 Simulink 模組。

- 在 Simulink 工具列，選擇 **Simulation>Library Browser** 打開元件庫瀏覽視窗，圖 5.58 顯示於左邊視窗找到 **ROS Toolbox** 分項並選擇 **ROS2** 元件庫。

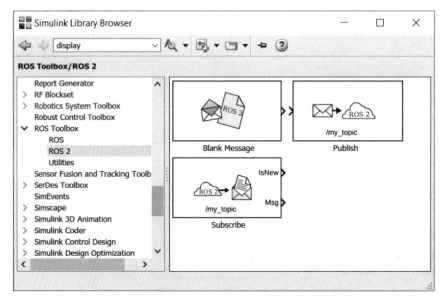

▲ 圖 5.58　ROS2 元件庫

- 拖拉一個 **Publish** 元件到模組裡，按滑鼠左鍵兩次打開規劃視窗，給定 Topic 及 Message type 所需要的資料（圖 5.59 顯示）。

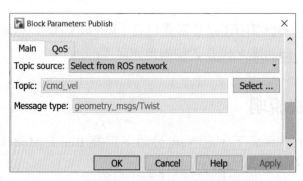

▲ 圖 5.59　設定速度發佈參數

■ 如圖 5.59 顯示於 **Topic source** 選項選擇 **Select From ROS network**，在 **Topic** 選擇列表中找到 /cmd_vel 項目（圖 5.60 顯示），**Message type** 自動設定為 geometry_msgs/Twist。

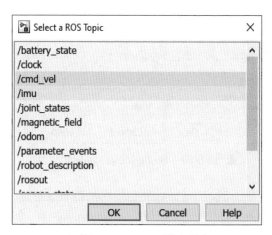

▲ 圖 5.60　Topic 設定視窗

■ 圖 5.61 顯示設定 QoS 分頁，所發佈速度指令是希望可以正確地被訂閱者接收，並維持指令資料確保不會丟失，所以設 **Reliability** 為 Reliable，**Durability** 為 Transientlocal。

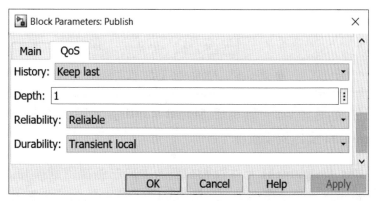

▲ 圖 5.61　設定速度發佈 QoS 參數

■ 拖拉一個 **Blank Message** 元件，圖 5.62 顯示設定 **Message type** 為 geometry_msgs/Twist（圖 5.63 顯示）。

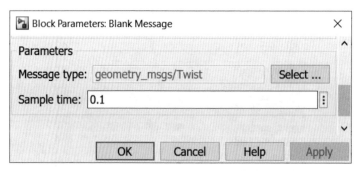

▲ 圖 5.62　Blank Message 設定視窗

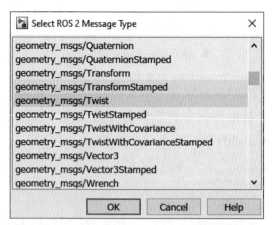

▲ 圖 5.63　Message Type 設定視窗

■ 於元件庫瀏覽器左側視窗 **Signal Routing** 分項，拖拉一個 **Bus Assignment** 元件到模組裡。

■ 打開 **Bus Assignment** 元件規劃視窗，並於左側視窗選擇 linear 下的 x 及 angular 下的 z 兩個項目（圖 5.64 顯示），linear.x 代表 X 軸的直線速度（m/s），及 angular.z 代表 Z 軸的角速度（rad/s）。

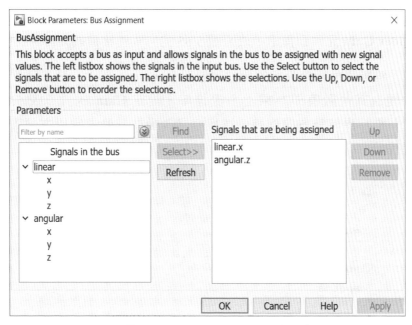

▲ 圖 5.64 Bus Assignment 設定視窗

■ 接著如圖 5.65 顯示連接 **Blank Message**、**Bus Assignment** 與 **Publish** 元件。

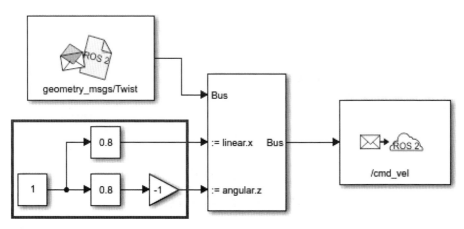

▲ 圖 5.65 發佈自走車速度指令

- 於元件庫瀏覽器拖拉一個 **Constant** 元件，一個 **Gain** 元件，及兩個 **Slider Gain** 元件到模組，依照圖 5.65 的方式連接這些元件。

- 為了維持速度指令設定的彈性，設定 **Constant** 為 1（圖 5.66 顯示）改變為其他數值即為乘上多少倍率，設定 **Gain** 為 -1（圖 5.67 顯示）維持順時針方向旋轉，這樣容易改變為其他設定以方便實驗的進行。

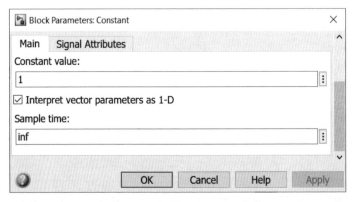

▲ 圖 5.66　設定 Constant 參數

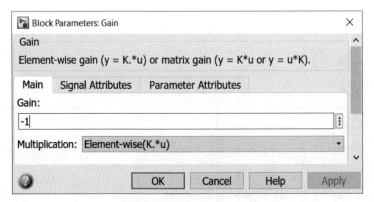

▲ 圖 5.67　設定 Gain 參數

■ 設定線速度的 **Slider Gain** 上下限值為 0.0 到 1.0，初始值為 0.8（圖 5.68 顯示），限制線速度的最小值為 0 與最大值為 1.0（m/s），並可以於 0 到 1.0 間任意改動，如果都不變動即為初始值 0.8。

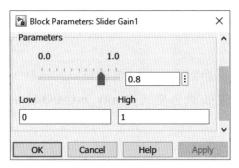

▲ 圖 5.68　設定線速度的 Slider Gain 參數

■ 設定角速度的 **Slider Gain** 上下限值為 -1.0 到 1.0，初始值為 0.8（圖 5.69 顯示），限制角速度的最小值為 -1.0 與最大值為 1.0（rad /s），並可以於 -1.0 到 1.0 間任意改動，如果都不變動即為初始值 0.8。

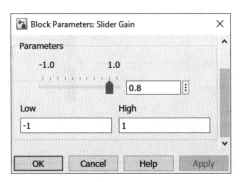

▲ 圖 5.69　設定角速度的 Slider Gain 參數

5.4.2　實驗結果

此章節實驗結果在 5.5 章節一併執行。

◇ 5.5 訂閱里程計資料

遠端電腦以 MATLAB® 連結無人自走車實驗平台，接收自走車上的里程計位置資訊輸出的操作演練，圖 5.70 顯示為本章節以圖形化操作介面建立的控制模組。

- 建立一個可以訂閱自走車里程計位置資訊的訊息。
- 從 **/odom** Topic 接收訊息格式為 **nav_msgs/Odometry** 的里程計位置資訊。

5.5.1 程式說明

- 在元件庫瀏覽器 **ROS Toolbox > ROS2** 分項拖拉一個 **Subscribe** 元件。

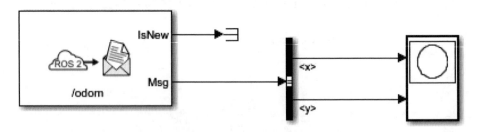

▲ 圖 5.70 訂閱里程計資訊

- 按滑鼠左鍵兩次打開規劃視窗，給定 Topic 及 Message type 所需要的資料（圖 5.71 顯示）。

- 圖 5.71 顯示於 **Topic source** 選項選擇 **Select From ROS network**，在 **Topic** 選擇列表中找到 /odom 項目（圖 5.72 顯示），**Message type** 為自動指定為 nav_msgs/Odometry。

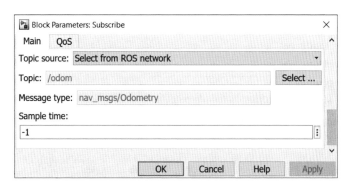

▲ 圖 5.71　設定里程計訂閱參數

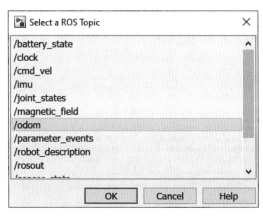

▲ 圖 5.72　Message Type 設定視窗

- 圖 5.73 顯示設定 QoS 分頁，所訂閱的里程計資料是希望可以正確地接收，但發佈者並不需要確保資料不丟失的狀況，所以設定 **Reliability** 為 Reliable，**Durability** 為 Volatile。

- 依照圖 5.70 顯示連接 **Subscribe** 元件的 **IsNew** 輸出到 **Terminator** 元件，**Terminator** 元件可以在元件庫瀏覽器 **Sinks** 分項中拉出。

- 於 **Signal Routing** 分項中拖拉出一個 **Bus Selector** 元件，將其與 **Subscribe** 元件相連接（圖 5.70 顯示）。

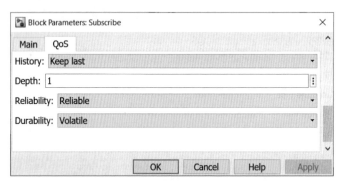

▲ 圖 5.73 設定里程計訂閱 QoS 參數

■ 在 **Bus Selector** 元件上按滑鼠左鍵兩次打開規劃視窗，如圖 5.74 顯示於左側視窗依序展開 **Pose>Pose>Position** 各項目，並選擇 X、Y 兩個小項。

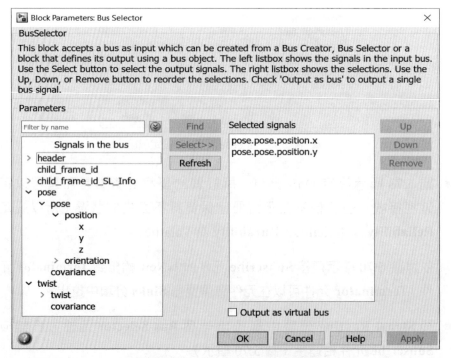

▲ 圖 5.74 Bus Selector 設定視窗

- 在元件庫瀏覽器 **Sinks** 分項拖拉出一個 **XY Graph** 元件，將其與 **Bus Selector** 元件相連接（圖 5.70 顯示）。

- 如圖 5.75 顯示打開 **XY Graph** 元件規劃視窗，並設定 X 與 Y 可以涵蓋移動區域的範圍。

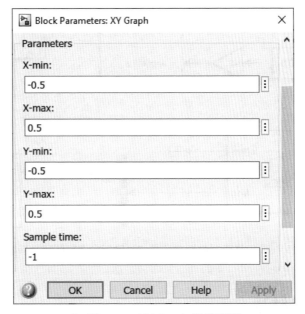

▲ 圖 5.75　XY Graph 設定視窗

- 如圖 5.76 顯示結合發佈自走車速度指令與訂閱里程計資訊模組，進行接下來的驅動自走車實驗。

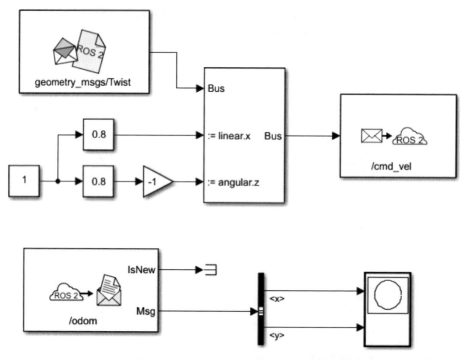

▲ 圖 5.76 自走車驅動模組（發佈速度指令與訂閱里程計資料）

5.5.2 實驗結果

■ 首先執行於 5.1 所建立的程式碼，用來建立自走車與 MATLAB® 的連結，需要確認 ROS2 網域中已經掛載了 /odom、/scan、/cmd_vel 這幾個 Topic。

■ 在 **Modeling** 下拉選單中點選 **Model Settings**（圖 5.77 顯示）進行模擬。

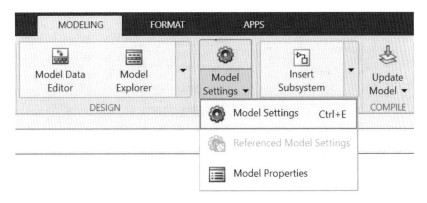

▲ 圖 5.77　Model Settings 選項

■ 如圖 5.78 顯示將規劃頁面左側 **Solver** 裡的 **Type** 設定為 Fixed-step 以固定頻率方式進行模擬，並將 **Fixed-step size** 設定為 0.1，以 0.1 秒的速度更新資料。

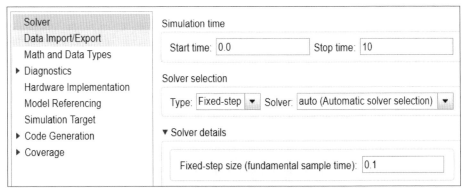

▲ 圖 5.78　Model Settings 參數設定

■ 如圖 5.79 顯示設定 **Stop Time** 為 10.0，先觀察前 10 秒的輸出結果，按下 **Run** 開始進行實驗（圖 5.79 顯示），之後可以嘗試將 **Stop Time** 修改為其他時間設定，或是 Inf 就是模擬會一直持續不會停止。

▲ 圖 5.79　模擬開始與停止

■ 如圖 5.80 顯示可以看到 XY 座標觀察視窗出現，正在輸出一個圓圈，即為訂閱的自走車里程計資料，同時自走車也在進行繞圓圈的運動。

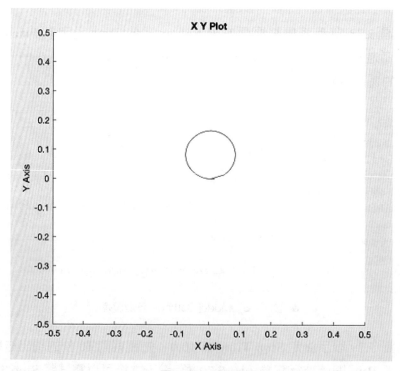

▲ 圖 5.80　輸出結果

- 因為所建立的模組還沒有停止自走車的功能，所以在觀察視窗停止輸出後，於命令輸入視窗中輸入圖 5.81 程式碼同時將線速度與角速度都設定為 0，用來停止移動中的自走車。

```
% 設定速度指令為0
velData.linear.x = 0;
velData.angular.z = 0;
send(velPub, velData);
```

▲ 圖 5.81　停止自走車程式碼

5.5.3 練習

1. 嘗試將線速度與角速度的 Slider Gain 設定值修改（圖 5.69、圖 5.69 顯示），觀察圖 5.80 顯示的 XY 座標畫出的圓圈，以及自走車繞圈圈的運動狀況。

2. 如圖 5.79 顯示設定 **Stop Time** 為 inf 再次進行實驗，比對前面實驗結果。

◇ **5.6 前往定位點**

遠端電腦以 MATLAB® 透過無線網路連結無人自走車實驗平台，於空曠空間中驅動自走車，依據給定的定位點進行移動的操作實驗，圖 5.82 顯示為本章節以圖形化操作介面建立的控制模組。

- 建立一個可以發佈的速度指令訊息給自走車。
- 建立一個可以訂閱自走車里程計位置資訊的訊息。
- 發佈訊息格式為 **geometry_msgs/Twist** 的速度指令到 **/cmd_vel** Topic。
- **geometry_msgs/Twist** 訊息格式包含，linear.x 代表 X 軸的直線速度（m/s），及 angular.z 代表 Z 軸的角速度（rad/s）。
- 進行將里程計位置資訊 **nav_msgs/Odometry** 轉換為 **[X Y Theta]** 的格式。
- 採用單純追蹤演算法進行運算輸出速度指令。

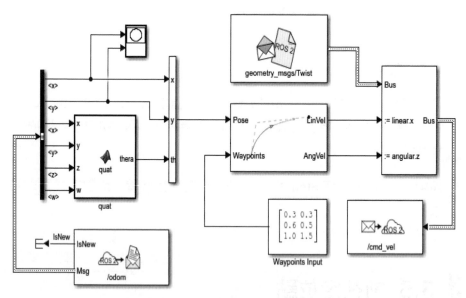

▲ 圖 5.82　驅動自走車前往定位點模組

5.6.1 程式說明

練習建構一個以指定目標座標點的方式，採用演算法運算出速度指令後，驅動自走車移動前往目標點方向的架構。

- 在元件庫瀏覽器左邊視窗 **ROS Toolbox** > **ROS2** 分項拉出一個 **Subscribe** 元件。按滑鼠左鍵兩次打開規劃視窗，給定 Topic 及 Message type 所需要的資料（圖 5.83 顯示）。

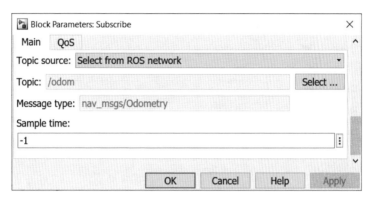

▲ 圖 5.83　Subscribe 設定視窗

- 圖 5.83 顯示於 **Topic source** 選項選擇 **Select From ROS network**，在 **Topic** 選擇列表中指定為 /odom 項目（圖 5.84 顯示），**Message type** 自動指定為 nav_msgs/Odometry。

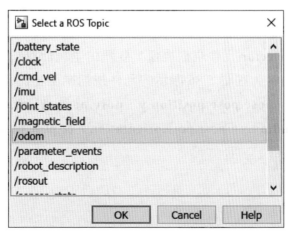

▲ 圖 5.84　Message Type 設定視窗

■ 圖 5.85 顯示設定 QoS 分頁，所訂閱的里程計資料是希望可以正確地接收，但發佈者並不需要確保資料不丟失的狀況，所以設定 **Reliability** 為 Reliable，**Durability** 為 Volatile。

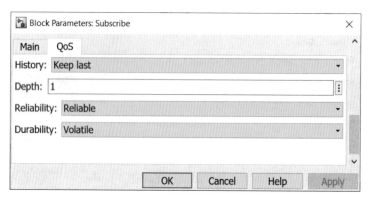

▲ 圖 5.85　設定里程計訂閱 QoS 參數

■ 連接 **Subscribe** 元件的 **IsNew** 輸出到 **Terminator** 元件（圖 5.82 顯示），**Terminator** 元件可以在元件庫瀏覽視窗左邊 **Sinks** 分項中找到。

■ 如圖 5.82 顯示於 **Signal Routing** 分項中拖拉出一個 **Bus Selector** 元件，將其與 **Subscribe** 元件相連接。

■ 打開 **Bus Selector** 元件規劃視窗，要藉由里程計資料運算出自走車的位置及姿態，在圖 5.86 顯示的元件規劃視窗左側選擇 **pose.pose. position.x**、**pose.pose.position.y**、**pose.pose.orientation.x**、**pose. pose.orientation.y**、**pose.pose.orientation.z** 及 **pose.pose.orientation. w** 這幾個項目。

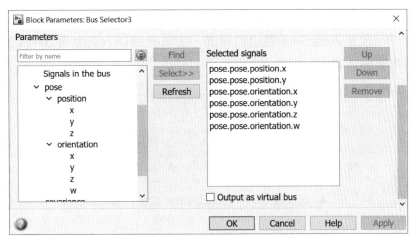

▲ 圖 5.86　Bus Selector 設定視窗

■ 在 **Sinks** 分項中拉出一個 **XY Graph** 元件，如圖 5.82 顯示將其與
Bus Selector 元件的 **X**、**Y** 相連接，並設定 X 與 Y 可以涵蓋移動區
域的範圍（圖 5.87 顯示）。

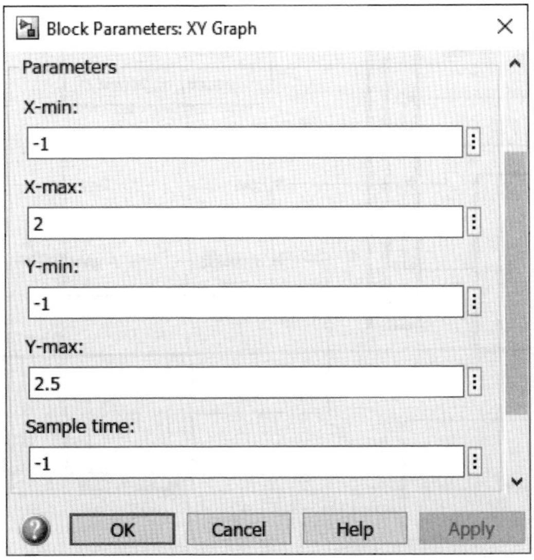

▲ 圖 5.87　XY Graph 參數設定

- 於 **User-Defined Function** 分項中拉出建立一個 **MATLAB Function** 元件，並加入圖 5.88 顯示的程式，主要是由四元數計算出自走車的方向姿態（Theta）。

```
function thera  = quat2eul (x, y, z, w)
    eul = quat2eul ([w, x, y, z]);
    thera = eul (1);
end
```

▲ 圖 5.88　MATLAB Function 中加入的程式

- 從 Common 分項中拉出一個 **Mux** 元件，連接方式如圖 5.89 顯示與 **Bus Selector**、**MATLAB Function** 元件連接。**Mux** 元件會將里程計資料轉換為 [X, Y, Theta] 格式，用來代表自走車目前位置，自走車位置表示方法為 X、Y 座標值再加上方位角 θ。

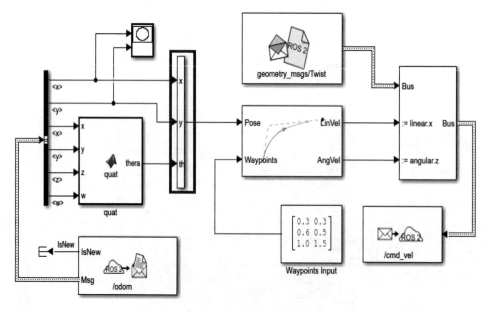

▲ 圖 5.89　驅動載具移動模組 – Mux 元件

- 於 **Navigation Toolbox > Control Algorithm** 中 拉 出 一 個 **Pure Pursuit** 元件，依照圖 5.90 顯示設定最大線速度、角速度及前視距離參數，並且與 **Mux** 元件連接（圖 5.89 顯示）。

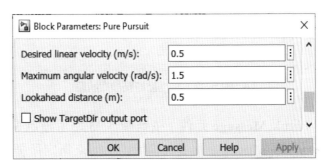

▲ 圖 5.90　Pure Pursuit 設定視窗

- 如圖 5.91 所顯示採用三個座標點形成簡單的行進路徑進行實驗，圖 5.92 表示行駛路徑座標點作為 **Pure Pursuit** 元件的 Waypoints 輸入值。

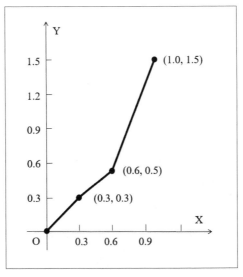

▲ 圖 5.91　座標點形成的行駛路徑

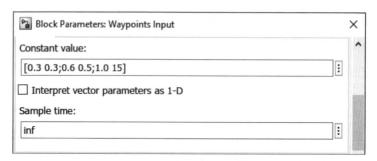

▲ 圖 5.92　路徑座標點設定視窗

- 拉出一個 **Blank Message** 元件，依照圖 5.93 顯示設定 **Message type**
為 geometry_msgs/Twist（圖 5.94 顯示），用來指定所要發佈的自走
車速度指令的訊息格式。

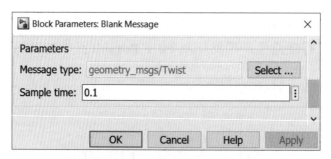

▲ 圖 5.93　Blank Message 設定視窗

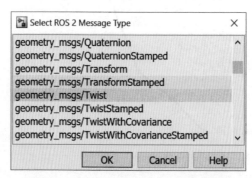

▲ 圖 5.94　Message Type 設定視窗

■ 在元件庫瀏覽器 **ROS Toolbox** > **ROS2** 分項拉出 **Publish** 元件，打開規劃視窗，給定 Topic 及 Message type 所需要的資料（圖 5.95 顯示）。

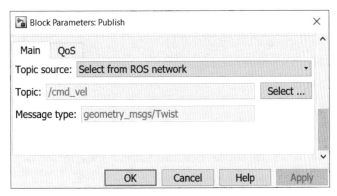

▲ 圖 5.95　Publish 設定視窗

■ 圖 5.95 顯示於 **Topic source** 選項選擇 **Select From ROS network**，在 **Topic** 選擇列表中找到 /cmd_vel 項目（圖 5.96 顯示），**Message type** 自動指定為 geometry_msgs/Twist，

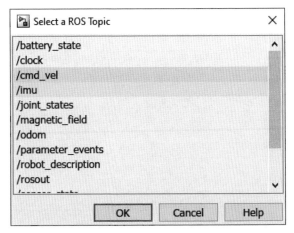

▲ 圖 5.96　Message Type 設定視窗

■ 圖 5.97 顯示設定 QoS 分頁，所發佈速度指令是希望可以正確地被訂閱者接收，並維持指令資料確保不會丟失，所以設定 **Reliability** 為 Reliable，**Durability** 為 Transientlocal。

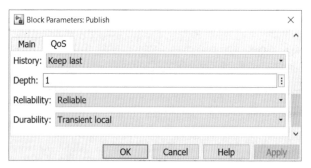

▲ 圖 5.97　設定速度發佈 QoS 參數

■ 於元件庫瀏覽器 **Signal Routing** 分項，拉出一個 **Bus Assignment** 元件，於元件規劃視窗左側選擇 linear 裡的 x、angular 裡的 z 兩個項目（圖 5.98 顯示），linear.x 代表 X 軸的直線速度（m/s），及 angular.z 代表 Z 軸的角速度（rad/s）。

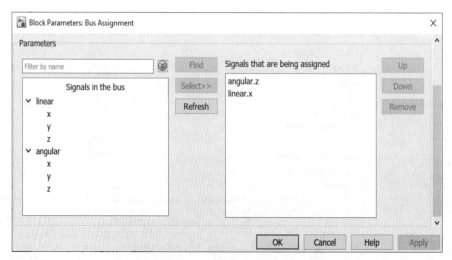

▲ 圖 5.98　Bus Assignment 設定視窗

■ 如圖 5.98 顯示連接 **Blank Message**、**Pure Pursuit** 元件的輸出與 **Bus Assignment** 元件的輸入，並將 **Bus Assignment** 元件的輸出與 **Publish** 元件相連接。

5.6.2 實驗結果

■ 首先執行 5.1 的程式碼，用來建立自走車與 MATLAB® 的連結。

■ 在 **Model Settings** 的規劃頁面左側 **Solver** 裡的 **Type** 指定為 **Fixed-step** 以固定頻率方式進行模擬，及 **Fixed-step size** 設定為 0.1 秒的更新速度（圖 5.99 顯示）。

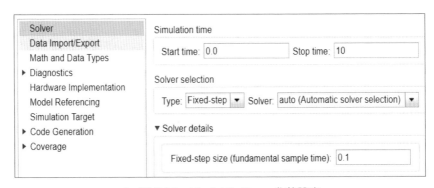

▲ 圖 5.99　Model Settings 參數設定

■ 圖 5.100 顯示設定 **Stop Time** 為 10.0，觀察前 10 秒的模擬輸出結果，按下 **Run** 開始進行實驗，之後可以嘗試將 **Stop Time** 修改為其他的時間設定值。

▲ 圖 5.100　模擬開始與停止

■ 隨後將可以看到如圖 5.101 顯示 XY 座標的觀察視窗出現，隨著自
走車移動的同時，建立的控制模組也收到所訂閱的自走車里程計資
料，代表自走車位置的線段同時也會跟著改變。

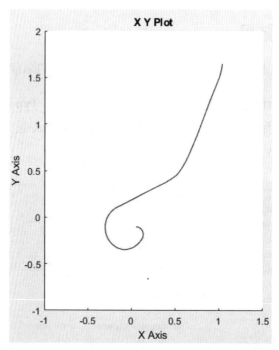

▲ 圖 5.101　Lookahead distance 設定為 0.5 的結果

■ 圖 5.101 可以知道自走車行走時有正確經過第一個座標點（0.3，
0.3）的位置，在第二個座標點（0.6，0.5）時由於 Pure Pursuit 的
參數設定關係稍微削除了轉彎角，最後還是行駛經過第三個座標
（1.0，1.5）的目標點。

■ 圖 5.102 顯示為 Pure Pursuit 參數設定，實驗中自走車的行駛行為完
全由 Pure Pursuit 演算法計算，可以觀察到不同參數設定產生的不同
行駛行為。

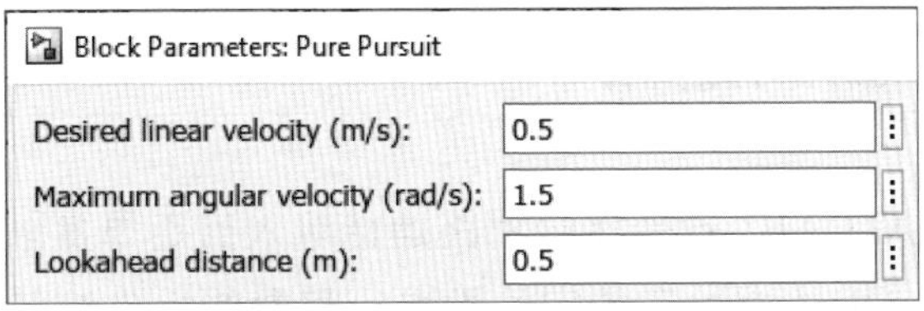

▲ 圖 5.102　Pure Pursuit 設定視窗

- 由於沒有檢查是否到達目標點並停止，實驗中會看到自走車仍然繼續往前行駛，這是下一個實驗要進行的部分。

- 因為還沒有建立停止自走車的方式，如果要將移動中的自走車停止，可以於命令輸入視窗中輸入如圖 5.103 程式碼將速度指令設定為 0。

```
% 設定速度指令為0
velData.linear.x = 0;
velData.angular.z = 0;
send(velPub, velData);
```

▲ 圖 5.103　停止自走車程式碼

5.6.3 練習

1. 嘗試修改及增加航點資訊（Waypoints）構成不同的行駛路徑再次進行實驗。
2. 嘗試修改前視距離（LookaheadDistance）參數設定再次進行實驗，觀察自走車產生的行走行為。
3. 嘗試修改 Pure Pursuit 參數設定再次進行實驗，觀察自走車產生的行走路徑及行為。

◇ 5.7 移動到定點

遠端電腦以 MATLAB® 透過無線網路連結無人自走車實驗平台，在空曠的地方驅動自走車依據給定的定位點進行移動的操作演練。由上一章節的實驗延伸，增加圖 5.104 顯示的元件所組成的條件判斷邏輯，達到自走車移動到達目標點時隨即停止的功能，圖 5.105 顯示為結合本章節以圖形化操作介面所建立的控制模組。

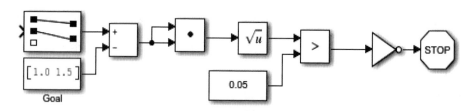

▲ 圖 5.104　判斷是否到達定位點

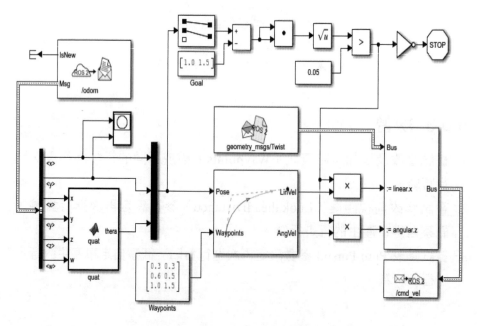

▲ 圖 5.105　自走車移動到定點並停止模組

5.7.1 程式說明

本章節是基於上一章節的實驗，採用讀取里程計的位置資訊並與目標點座標相比對，判斷自走車是否已經移動到達目標點，如果已經到達目標點就停止自走車移動。

■ 於 **Signal Routing** 分項中拉出一個 **Selector** 元件，依照圖 5.106 設定，取出代表自走車當前位置 [X, Y, Theta] 格式裡 X 與 Y 的數值，形成一組具有 X、Y 軸座標值的位置，後面邏輯會再進行與目標點位置比對。

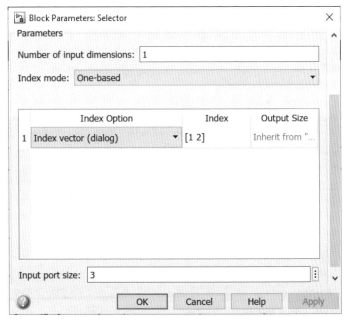

▲ 圖 5.106　Selector 參數設定

- 從 **Math Operation** 分項中拉出 **Subtract**、Sqrt、Dot Product 元件到實驗模組，依照圖 5.107 顯示連結各元件，並設定對應的參數給 **Subtract** 元件（圖 5.108 顯示）、Sqrt 元件（圖 5.109 顯示）與 Dot Product 元件（圖 5.110 顯示）。

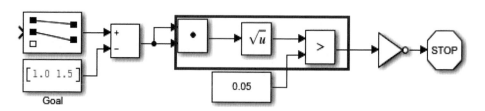

▲ 圖 5.107　目標點位置比對邏輯 - Subtract　Dot Product　Sqrt 元件

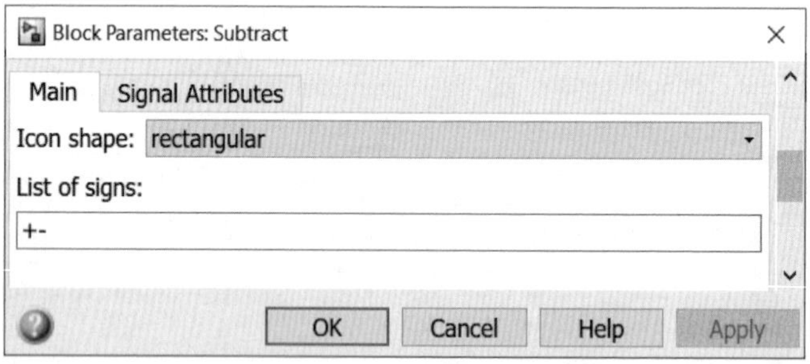

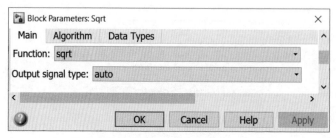

▲ 圖 5.108　Subtract 參數設定

▲ 圖 5.109　Sqrt 運算設定

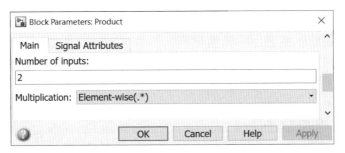

▲ 圖 5.110　Product 參數設定

■ 從 **Logic and Bit Operation** 分項中拉出 **Less Than**、**Not** 元件到實驗
模組組成比較運算邏輯，依照圖 5.107 顯示連結各元件，並設定對應
的參數給 **Less Than** 元件（圖 5.111 顯示）**Not** 元件（圖 5.112 顯示）。

▲ 圖 5.111　Less Than 運算設定

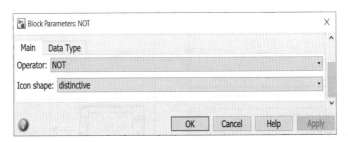

▲ 圖 5.112　Not 邏輯運算設定

■ 從 Common 分項中拉出 Constant 元件到實驗模組，依照圖 5.113 顯
示設定自走車位置與目標點的最大偏差值。自走車實際位置與目標

點位置在一個可容許的偏差範圍時，就可以說自走車到達目標點，偏差範圍愈小就表示準確度愈高。

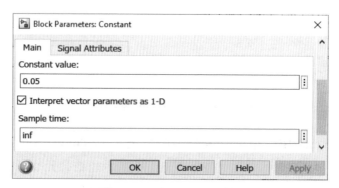

▲ 圖 5.113　Constant 參數設定

- 從 **Sinks** 分項中拉出 **Stop** 元件到實驗模組，依照圖 5.114 顯示連結，當自走車到達目標點時實驗隨即停止。

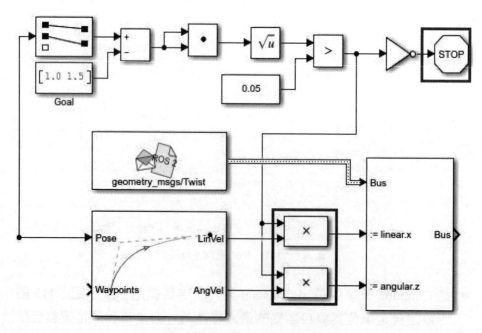

▲ 圖 5.114　判斷到達定位點並停止

■ 從 Common 分項中拉出兩個 Product 元件到實驗模組,依照圖 5.114 顯示連結,當自走車移動到達目標點時就可以將速度值歸零,在目標點位置停止。

5.7.2 實驗結果

■ 首先執行 5.1 的程式碼,用來建立自走車與 MATLAB® 的連結。

■ 在 **Model Settings** 的規劃頁面左側 **Solver** 裡的 **Type** 指定為 **Fixed-step** 以固定頻率方式進行模擬,及 **Fixed-step size** 設定為 0.1 秒的更新速度(圖 5.115 顯示)。

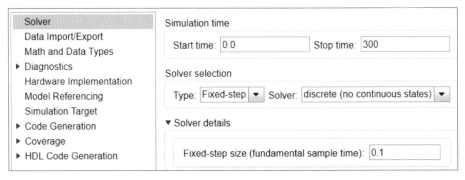

▲ 圖 5.115 Model Settings 參數設定

■ 圖 5.116 顯示設定 **Stop Time** 為 10.0,按下 **Run** 開始實驗。

▲ 圖 5.116 模擬開始與停止

■ 圖 5.117 顯示 XY 座標的觀察視窗出現，隨著自走車移動的同時，模組也收到訂閱的自走車里程計資料，座標中代表自走車行走位置的線段也會跟著改變，當自走車到達目標點座標（1.0，1.5）時馬上會停止運動。圖 5.118 為 **Pure Pursuit** 元件的參數設定。

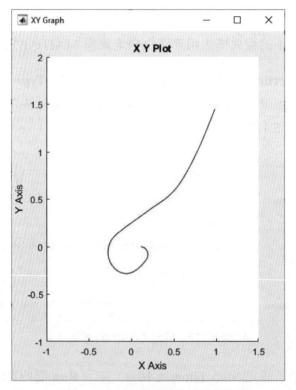

▲ 圖 5.117　自走車前往目標點移動

Desired linear velocity (m/s):	0.5	
Maximum angular velocity (rad/s):	1.5	
Lookahead distance (m):	0.5	

▲ 圖 5.118　Pure Pursuit 設定視窗

■ 圖 5.119 顯示修改 **Pure Pursuit** 元件的參數設定，將參數設定為最大角速度 2.0，前視距離 0.2，實驗後會得到如圖 5.120 顯示的結果輸出，由於前視距離設定變小，第二個座標點（0.6，0.5）的轉彎角變得更加明顯。

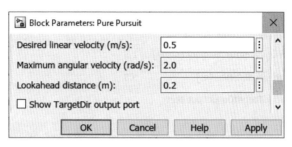

▲ 圖 5.119　修改 Pure Pursuit 的參數設定

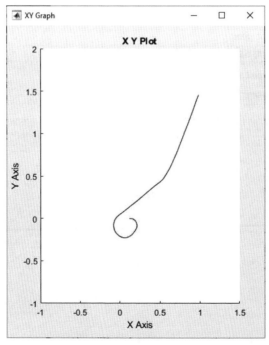

▲ 圖 5.120　修改設定的輸出結果（最大角速度 2.0，前視距離 0.2）

■ 依照圖 5.121 顯示修改 Pure Pursuit 的參數，與圖 5.122 顯示修改行駛路徑座標點設定再進行實驗，實驗後會得到如圖 5.123 的結果輸出，並與前面的實驗結果比較。

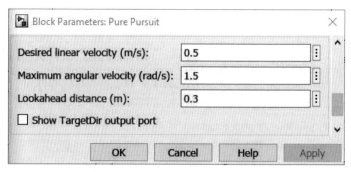

▲ 圖 5.121 修改 Pure Pursuit 參數設定

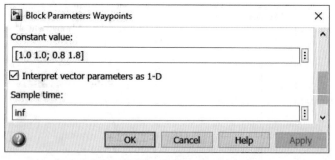

▲ 圖 5.122 修改目標座標點參數設定

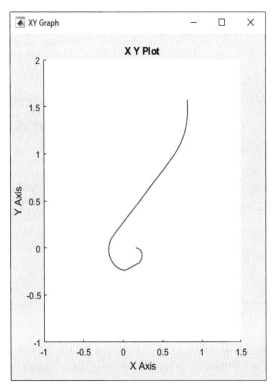

▲ 圖 5.123　修改 Pure Pursuit　Waypoints 參數的實驗結果

5.7.3　練習

1. 嘗試修改及增加航點資訊（Waypoints）構成不同的行駛路徑再次進行實驗。

2. 嘗試修改前視距離（LookaheadDistance）參數設定再次進行實驗，觀察自走車產生的行走行為。

3. 嘗試修改 Pure Pursuit 參數設定再次進行實驗，觀察自走車產生的行走路徑及行為。

◇ **5.8 探測周圍環境**

遠端電腦以 MATLAB® 透過無線網路連結無人自走車實驗平台，接收
LiDAR 感測器所探測的環境資訊，並顯示所感知的即時環境資訊的操
作演練。採用建立程式碼的方式，達到讀取 LiDAR 感測器所接收到的
環境資訊。

- 建立一個可以訂閱自走車 LiDAR 感測器資訊的訊息。
- 從 **/scan Topic** 接收訊息格式為 **sensor_msgs/LaserScan** 的 LiDAR 感
  測器的資訊。
- 將 LiDAR 感測器的資訊轉換成為環境資訊。

5.8.1 雷射測距感測器介紹

雷射測距感測器（LiDAR，Light Detection And Ranging）又稱光學雷
達或光達，最早是為了使用於軍事用途所開發，後來逐漸被消費性電子
產品所採用，時至今日最新推出的手機也具備用來增強相機等功能，尤
其是在光線不足的使用環境，或是增加其他的使用體驗，目前也裝置於
車輛用於自動駕駛技術，預期透過 LiDAR 感測器增強探索周圍環境的
能力。

圖 5.124 顯示為自走車實驗平台裝置的 LiDAR 感測器模組，使用時上
方會旋轉發射出距離量測所使用的光線，感測器模組於探測後所產生的
資訊採用 UART（Universal Asynchronous Receiver and Transmitter，通
用非同步收發傳輸器）訊號介面來傳遞資料，實際使用上如圖 5.125 顯
示需要透過一個轉接板，將 UART 訊號轉換成 USB 訊號，再連結到單
板電腦（Raspberry Pi3），上位機才能透過 USB 接收到 LiDAR 感測器
資訊。

▲ 圖 5.124　LiDAR 感測器模組

（CC BY-4.0 by https://www.turtlebot.com/）

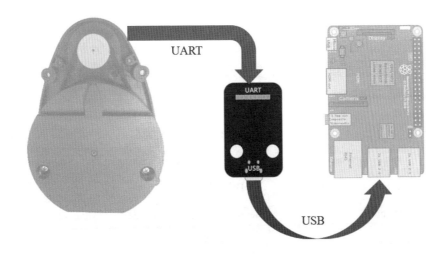

▲ 圖 5.125　LiDAR 感測器與上位機連接

（CC BY-3.0 by Efa at English Wikipedia）

（CC BY-4.0 by https://www.turtlebot.com/）

UART 是非同步序列通訊的總稱，包括了 RS232、RS422 和 RS485 這些常見的序列埠標準規範。非同步序列通訊是屬於通訊中的資料連接層（Data Link Layer）的概念。RS232、RS422 和 RS485 則是規定了通訊訊號的電氣特性、傳輸速率、連接器的外型等的機械特性等內容，屬於所謂的物理層（Physical Layer）的概念。

序列通訊的好處是所使用的連接線數量可以盡量減少，對於連接線材的規範較寬鬆，並且可以進行長距離的資料傳遞，所以被大量的用於電子資訊產品與工業製造設備。缺點是序列傳輸一個傳輸時脈（Clock）只能傳送出一個位元（Bit）的資料，所以要完成一個位元組（Byte）資料的傳輸至少需要八個傳輸時脈（1 byte = 8 bits），並無法與並列傳輸的即時大量資料傳輸相比較，較適合於進行非即時性的資料傳輸，可以接受慢速資料傳輸，長距離傳輸，或是傳輸資料量不多的使用情況。序列埠在電腦的連接埠裡是以 COM 表示。

表 5.2 顯示為 LiDAR 感測器規格資料，可以偵測 12 公分到 3.5 公尺的範圍，並涵蓋自走車周圍 360 度的區域，所以進行實驗時需要注意，不可以有距離障礙物太近的環境狀況。

表 5.2　LiDAR 感測器的規格資料

Items	Specifications
Operating supply voltage	5V DC ±5%
Light source	Semiconductor Laser Diode（λ=785nm）
Interface	3.3V USAR
Current consumption	400mA or less (Rush current 1A)
Detection distance	120mm ~ 3,500mm
Sampling Rate	1.8kHz

Items	Specifications
Scan Rate	300±10 RPM
Ambient Light Resistance	10,000 lux or less
Dimensions	69.5(W) X 95.5(D) X 39.5(H)mm
Mass	125g

自走車上裝載的 LiDAR 感測器取樣頻率為 1.8 kHz，換句話說每秒鐘有 1800 次取樣資料，掃描頻率為 300 RPM（Revolution Per Minute），也就是一秒旋轉 5 圈（一分鐘旋轉 300 圈），可以計算出 LiDAR 感測器旋轉一圈會獲得 360 個取樣點（1800 / 5 = 360），也就是每一個取樣點間隔角度一度，所以知道角度解析度應該是為一度。這樣的計算結果在表 5.3 顯示的解析度規格資料中可以確定，LiDAR 感測器是具備有 1 度的解析能力，因為旋轉一圈只有 360 個取樣點，所以對於遠方的物體會發生取樣點較少，較無法看出的物體輪廓形狀的狀況。

表 5.3　LiDAR 感測器的解析度規格

Items	Specifications
Distance Accuracy	±15mm（120mm～499mm）
Distance Accuracy	±5.0%（500mm～3,500mm）
Distance Precision	±10mm（120mm～499mm）
Distance Precision	±3.5%（500mm～3,500mm）
Angular Resolution	1°
Angular Range	360°

LiDAR 感測器可以感測的範圍為 360 度，如圖 5.126 顯示其實是由正、負兩組 0 - 180 度所組成，0 度方向為車頭方向並且採用右手定則，角

度以反時針方向為增加，順時針方向為減少。所以查看 LiDAR 感測器的感測距離資料，第一筆資料開始為車頭方向往左邊旋轉依序排列，每一筆資料的角度間格是 1 度。換句話說，如果想要探測的範圍是自走車前方 120 度的範圍，那麼需要的感測器資料會由正、負 0 - 60 度所組成。

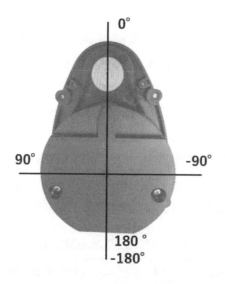

▲ 圖 5.126　LiDAR 感測器角度定義

5.8.2　程式說明

■ 這個章節採用程式碼的方式進行實驗，學習 LiDAR 感測器的使用，並練習編輯 MATLAB 的程式碼，以及執行程式碼來顯示環境資訊。

■ 在 MATLAB 主視窗 Home 分項找到 New Script 圖標，建立一個程式碼編輯視窗（圖 5.127 顯示），或可由程式碼編輯器中點選 + 符號建立一個新的程式碼編輯視窗（圖 5.128 顯示）。

▲ 圖 5.127　Home > New Script

▲ 圖 5.128　點選 + 符號建立程式碼編輯視窗

■ 在新增的程式碼編輯視窗中輸入圖 5.129 中的程式碼，並於儲存檔案後再執行下一步驟。

```
1    %% 連結 MATLAB 與自走車
2    setenv("ROS_DOMAIN_ID", "30");
3    mtnode = ros2node("/matlab_test_node");
4    pause(10);
5
6    %% 建立訂閱與發佈別名
7    scanSub = ros2subscriber(mtnode, "/scan",...
8                    "Reliability", "besteffort",...
9                    "Durability", "volatile",...
10                   "History", "keeplast",...
11                   "Depth", 10);
12   pause(1);
13
14   ros2('topic', 'list')
15
16
17   % 讀取 LiDAR 感測器資料
18   scanData = receive(scanSub, 5);
```

```
19   pause(0.2);
20   scans = lidarScan(double(scanData.ranges), ...
21       linspace(scanData.angle_min, scanData.angle_max, 360));
22
23   %% 畫出感測的環境資訊
24   figure(5);
25   plot(scans);
26
```

▲ 圖 5.129　程式碼編輯視窗

- MATLAB 以 %% 符號作為區段分隔，可以採用 **Editor** 分項中的 **Run and Advance** 進行區段執行，用來確認分段執行是否有問題，可以方便分析開發過程當中的問題，或是採用 **Run** 一次執行整個檔案（圖 5.130 顯示）。

▲ 圖 5.130　Run and Advance 圖標

5.8.3 實驗結果

- 依照圖 5.131 的方式於實驗場域設置測試環境，也可以自行設定實驗環境，要注意的是 LiDAR 感測器的偵測範圍為 12 公分 ~3.5 公尺。初次使用 LiDAR 感測器需要把測試環境配置在這個偵測範圍內，可以幫助了解感測器的輸出資料。

▲ 圖 5.131　測試環境設置範例

■ 在指令視窗中輸入 **ros2 topic list** 指令，可以用來查詢目前實驗的
ROS2 網域內已經有掛載的 Topic，如圖 5.132 顯示進行目前實驗所
需要的 /scan Topic 需被建立，也就是必需要出現在列表中。

```
>> ros2 topic list
/battery_state
/clock
/cmd_vel
/imu
/joint_states
/magnetic_field
/odom
/parameter_events
/robot_description
/rosout
/scan
/sensor_state
/tf
/tf_static
```

▲ 圖 5.132　輸入 ros2 topic list 指令

■ 圖 5.129 中的程式碼執行後，可以看到圖 5.133 所示的輸出視窗，顯示出自走車上的 LiDAR 感測器探測周圍環境所獲得的資訊，將數據資料圖像化。

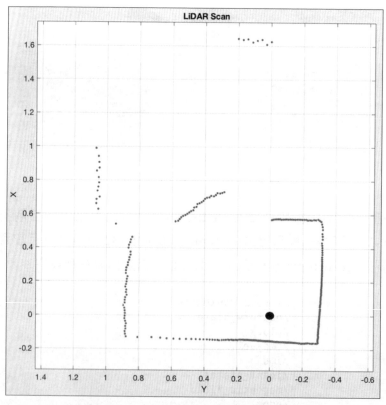

▲ 圖 5.133　LiDAR 傳感器探測環境的資訊輸出

■ 接著調整較大的測試範圍，目標是探測整個實驗場域，會得到類似圖 5.134 顯示的結果。需要注意 LiDAR 感測器最大感測範圍為 3.5 公尺。

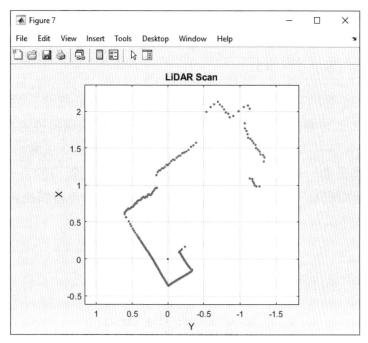

▲ 圖 5.134　探測實驗場域環境獲得的資訊

■ 圖 5.135 的程式碼可以用來更新顯示視窗中的圖像資訊，將會更新顯示 LiDAR 感測器探測到的環境資訊。

```
%%讀取 LiDAR 感測器資料
scanData = receive (scanSub, 5)
pause (0.3);
scans = lidarScan (double (scanData.ranges),…
                                        linspace (0, 2*pi, 360));

%% 畫出感測的環境資訊
figure (5);
plot (scans);
```

▲ 圖 5.135　LiDAR 感測器的環境探測資訊輸出

- 程式碼會先讀取 LiDAR 感測器的資訊，轉換成容易識別的圖像資料後再由顯示視窗輸出，顯示出感測器當時探測到的環境資訊，可以作為即時環境狀況輸出。

- 圖 5.136 顯示可以於指令視窗中輸入 scanData 指令，用來檢查 LiDAR 感測器的輸出資料，輸出資料為探測周圍環境後的資訊。其中 angle_min 為開始感測的角度，第一筆資料是從 0 度開始，angle_max 是最後一筆資料的角度。ranges 為探測後所獲得的每一個取樣點的距離資料，距離資料以向量形式呈現，第一筆資料由角度 0 度開始依序排列。

```
>> scanData
scanData =
  struct with fields:

              header: [1×1 struct]
           angle_min: 0
           angle_max: 6.2657
     angle_increment: 0.0175
      time_increment: 2.9880e-05
           scan_time: 0
           range_min: 0.1200
           range_max: 3.5000
              ranges: [1×360 single]
         intensities: [1×360 single]
```

▲ 圖 5.136　scanData 輸出 LiDAR 感測器資訊

- 圖 5.136 的輸出結果可以對照圖 5.137 顯示的訊息格式，在指令視窗中輸入 ros2（"msg", "show", "sensor_msgs/LaserScan"）指令就會輸出訊息格式以及簡略的說明，可以幫助查詢理解 LiDAR 感測器資料訊息內容。

- 例如想要瞭解 LiDAR 感測器的解析能力，可以於圖 5.136 輸出結果查詢 angle_increment = 0.0175，由圖 5.137 顯示的訊息格式知道單位為 rad，接著計算 $0.0175 \times 180/\pi \div 1°$，求得感測器角度解析能力為 1 度，這樣的計算結果與前面依據表 5.2 的規格資料所計算出的結果相符合。

```
>> ros2("msg", "show", "sensor_msgs/LaserScan")
# Single scan from a planar laser range-finder
#
# If you have another ranging device with different behavior (e.g. a sonar
# array), please find or create a different message, since applications
# will make fairly laser-specific assumptions about this data

std_msgs/Header header # timestamp in the header is the acquisition time of
                       # the first ray in the scan.
                       #
                       # in frame frame_id, angles are measured around
                       # the positive Z axis (counterclockwise, if Z is up)
                       # with zero angle being forward along the x axis

float32 angle_min         # start angle of the scan [rad]
float32 angle_max         # end angle of the scan [rad]
float32 angle_increment   # angular distance between measurements [rad]

float32 time_increment    # time between measurements [seconds] - if your scanner
                          # is moving, this will be used in interpolating position
                          # of 3d points
float32 scan_time         # time between scans [seconds]

float32 range_min         # minimum range value [m]
float32 range_max         # maximum range value [m]

float32[] ranges          # range data [m]
                          # (Note: values < range_min or > range_max should be discarded)
float32[] intensities     # intensity data [device-specific units].  If your
                          # device does not provide intensities, please leave
                          # the array empty.
```

▲ 圖 5.137 ros2（"msg", "show", "sensor_msgs/LaserScan"）指令

5.8.4 練習

1. 變動實驗環境嘗試執行圖 5.135 程式碼，重新畫出所感測的環境資訊。

2. 嘗試探測較大的實驗場域（3.5 公尺內），比較所畫出的環境資訊於探測距離的差異。

無人自走車進階實驗

本書所計畫建構的無人自走車自主控制系統，具備有自主導航的能力，圖 6.1 顯示為所規劃建立的自主導航流程，可以根據實驗場域的環境地圖資料進行行駛路徑規劃，然後驅動自走車從起始點開始，追蹤所規劃出的理想路徑，行駛當中並即時探測環境並繞開障礙物，最後行駛到達目的地。

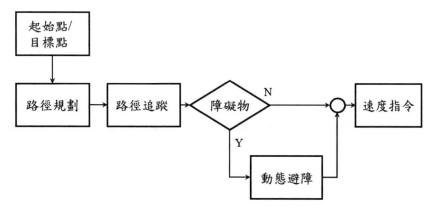

▲ 圖 6.1　自主導航策略流程

採用全局路徑規劃並融合本地路徑規劃 [35]，規劃整理出各單元實驗部分。依據給定的場域環境地圖規劃無碰撞的理想行駛路徑，以自走車上的 LiDAR 感測器探測行駛當中的場域環境變化，以及獲知接近的障礙物並能夠即時採取閃避行為。

本章節開始建立自主的導航控制系統，採用不需要人工指令進行導航操作，一切都是採用控制演算法則自動進行。首先利用已建立好的導航地圖，給定起始點與目標點後，依序進行路徑規劃、路徑追蹤、避開障礙物及定位補償。本章內容以單元方式介紹，分別說明演算法使用、流程安排、程式撰寫及實驗操作，並從實驗結果探討其中主要變項的影響，最後則是介紹如何建立實驗場域環境的地圖。爾後讀者可以自行建立自己專屬的環境導航地圖，以實現無人自走車的自主導航功能，在家自學也能夠學習到自走車的自主導航與建圖相關的知識，此外還可以開發出一個屬於你自己的應用場景及實例，藉由這個自動駕駛車雛形，學習到自動駕駛車的概念。

實驗場域為室內環境，圖 6.2 顯示為實驗場域的實際尺寸及工作站配置，採用同步定位與地圖建構（SLAM）演算法建立符合場域的環境地圖，主要是希望符合實驗場域的實際狀況，最後轉換為佔據柵格型式的地圖，提供給自主導航定位演算法使用。

圖 6.3 顯示為實驗場域的佔據柵格地圖，佔據柵格地圖具有真實的物理尺寸，每一個點都可以用坐標來表示，不像是拓撲地圖只表示不同地點的連通關係和距離，並不具備真實的尺寸；佔據柵格地圖是由一系列像素組成的圖案，對於一個像素可以表示為空置、障礙物（白、黑）或是處於未知狀態（灰）。如果所有的像素只用黑或白表示，則稱其為二階式佔據柵格地圖。

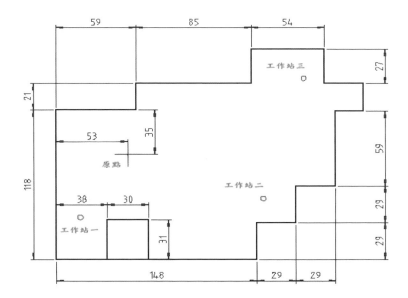

▲ 圖 6.2　實驗場域尺寸（單位：公分）

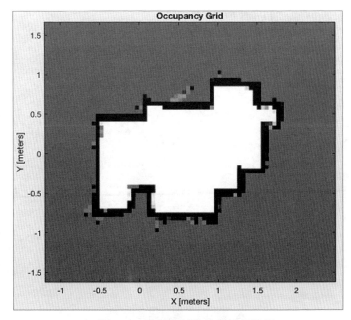

▲ 圖 6.3　實驗場域的佔據柵格地圖

在讀者能夠建立自己的場域環境地圖之前，可先採用本書已經建立的場域環境地圖進行的實驗範例，實驗包含由給定的起始點和目標點進行實驗場域的行駛路徑規劃，期望在規劃行駛路徑的時候就盡量避免可能碰撞的發生，接著追蹤並遵循已規劃的理想路徑行駛，還有探測障礙物以進行閃避動作避免碰撞發生，最後採用自主定位方式克服里程計的定位誤差問題。

本書是以 MATLAB® 與 ROS2 結合的方式建構自走車實驗平台，學習目標在於採用 MATLAB® 軟體建立自主導航控制系統，可以參考如圖 6.4 顯示的方式搭建實驗場域，即可以直接採用已經建立的佔據柵格型式地圖檔案依實驗範例進行自主導航定位的實驗，採用點到點運動方式進行實作測試，接下來章節依序介紹各子功能系統的實驗建立及程式碼解說，期望最後讀者也可以採用自主導航方式讓自走車行駛到達目標點。

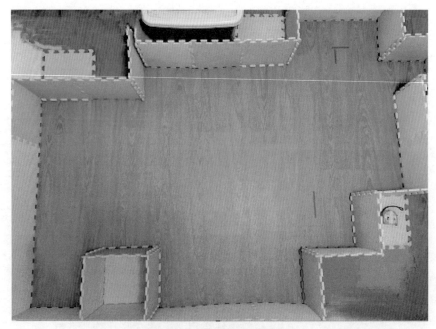

▲ 圖 6.4　實驗場域搭建

◇ **6.1** 路徑規劃

進行自主導航首先需要面對的問題是路徑規劃，路徑規劃主要目的是生成自走車從起始點開始到最終目標點所要走的路徑，行駛時所依循的參考行駛路徑，理想狀況是行駛當中沒有碰撞的狀況發生。

路徑規劃可以用人工方式規劃，但本章節實驗是採用演算法根據給定限制條件自動進行規劃運算，產出合適的無碰撞理想路徑。圖 6.5 顯示為實驗場域內預定的工作站配置狀況，實驗先從工作站一到工作站三進行路徑規劃，建立自主導航的第一個步驟。

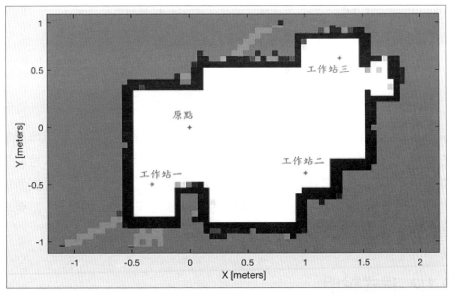

▲ 圖 6.5　實驗場域內的工作站配置

6.1.1 流程方塊圖

這個章節主要目的是產生自走車行駛時所依循的無碰撞路徑，這是路徑規劃最重要的功能。圖 6.6 顯示為路徑規劃流程，實驗採用 RRT* 演算法，以起始點作為根節點，通過隨機方式增加葉子節點，產生一個快速隨機搜索樹，當隨機樹中的葉子節點接近或是包含目標點，便可在隨機樹中找到一條可行的路徑。

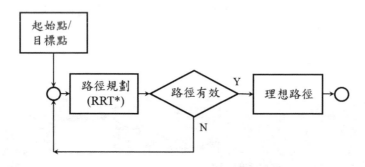

▲ 圖 6.6　路徑規劃流程圖

採用演算法進行路徑規劃後，還需要檢查產生的路徑是否有穿越障礙物的狀況，或是避免自走車與障礙物的距離太近，造成很大的機率會發生碰撞，如果路徑規劃產生的結果是以上類似情形，則需要重新規劃新的路徑，因為這些類型的狀況在規劃行駛路徑時就可以事先排除，避免自走車行駛時碰撞狀況的發生。

6.1.2 程式說明

路徑規劃實驗採用 **plannerRRTStar** 函式建立隨機搜索樹，帶入的限制條件以 **validatorOccupancyMap** 函式建立，規劃出可能的通行路徑，這時產生的**航點資料（Waypoints）**，就可以作為理想的行駛路徑使用，為了讓規劃出的行駛路徑更完美，還需要增加碰撞條件的檢查。

此時需要注意的地方是要預留足夠的餘隙空間，避免規劃出太靠近障礙物的路徑，造成自走車行駛運動時意外碰撞情形的發生，採用 **isPathValid**、**clearance** 函式進行檢查，如有不符合的情況發生，即採取重新建立隨機搜索樹的方式，再次進行路徑規劃及條件檢測，最後找出符合條件的通行路徑，作為理想的行進導航路徑，路徑規劃所運用到的 MATLAB 函式如表 6.1 顯示。

表 6.1　路徑規劃 MATLAB 函式

plannerRRTStar	Create an optimal RRT path planner（RRT*）
stateSpaceSE2	SE2 state space
validatorOccupancyMap	State validator based on 2-D grid map
pathmetrics	Information for path metrics
clearance	Minimum clearance of path
isPathValid	Determine if planned path is obstacle free

圖 6.7 為進行路徑規劃的範例程式，必需給定的參數設定有 **Max ConnectionDistance** 及 **MaxIterations**，需要注意的地方是這兩個參數的設定值會影響到最後運算出的航點資料、理想路徑以及進行路徑規劃運算所需要花費的時間。

在路徑規劃前需要先將已經建立好的實驗場域的佔據柵格地圖載入，並考慮對場域內已知的障礙物做膨脹處理以增加餘隙空間。圖 6.8 為對障礙物進行 10 公分的膨脹處理的程式碼，膨脹處理是可以避免規劃出太接近障礙物的行駛路徑，可有效避免行駛時發生碰撞。路徑規劃產生航點而連結成為路徑，即可作為實驗場域的理想行駛路徑使用。

```
%% 定義路徑規劃函式資料
stSpace = stateSpaceSE2;
stValidator = validatorOccupancyMap(stSpace);
stValidator.ValidationDistance = 0.1;

% 定義路徑規劃參考地圖與範圍
stSpace.StateBounds = [mapInflated.XWorldLimits;...
                                    mapInflated.YWorldLimits;...
                                    [-pi pi]];
stValidator.Map = mapInflated;

% 定義 RRT* 函式資料
planner = plannerRRTStar(stSpace, stValidator);
planner.ContinueAfterGoalReached = true;
planner.MaxConnectionDistance = ConnectionDistance;
planner.MaxIterations = Iterations;
```

▲ 圖 6.7 路徑規劃範例程式

```
% 載入場域的佔據柵格地圖
load samplemap.matmapInflated = copy (org);

% 進行膨脹處理
inflate(mapInflated, 0.1);

%畫出環境地圖
figure(2);
show(mapInflated);
```

▲ 圖 6.8 對障礙物進行 10 公分膨脹處理

在環境條件較複雜的場域，由於由航點資料（Waypoints）連結而成的路徑有可能會發生穿越障礙物的狀況，需要對路徑進行是否穿越障礙物的檢查，並把太靠近障礙物的狀況也當成排除條件，程式碼如圖 6.9 檢查是否為有效的理想路徑。如果產生的可能路徑可以通過這些檢查項目，即為有效的理想行駛路徑。

太長的行駛路徑可以預期的是需要較長的行駛時間，如果對行駛時間有要求，可以加入理想路徑長度的限制，檢測理想路徑的總長度需要小於某個預定長度；因此規劃時可以考慮不同的限制檢查條件，但將造成更多的規劃計算時間。所以需要在路徑規劃的複雜度與路徑計算的時間上取得平衡，也就是說，即使可以規劃出最理想的導航路徑，但計算上需要花費太多的時間也是不完美的。

```
% 檢查是否為有效的理想路徑
pathMetricsObj = pathmetrics(pthObj, stValidator);
if ~isPathValid(pathMetricsObj)
  disp('Invalid path');
else

  % 檢查是否為有太靠近障礙物狀況
  if clearance(pathMetricsObj) < 0.1
    disp('clearance is inValid.');
    show(pathMetricsObj,'Metrics',{'StatesClearance'});
  else
  % 符合檢查條件
    disp('Valid path.');
  end
end
```

▲ 圖 6.9　檢查是否為有效行駛路徑

6.1.3 實驗結果討論

圖 6.10 顯示改變 MaxIterations 參數設定值對於路徑規劃的運算時間
有顯著的影響，當 **MaxIterations** 參數設定值變大，所需要的運算時
間也會變多，這個情況在採用較大的 MaxConnectionDistance 設定時
更為明顯，圖 6.10 中顯示 MaxConnectionDistance = 1.0 時，增加參數
MaxIterations 設定值會造成運算時間增加好幾倍。

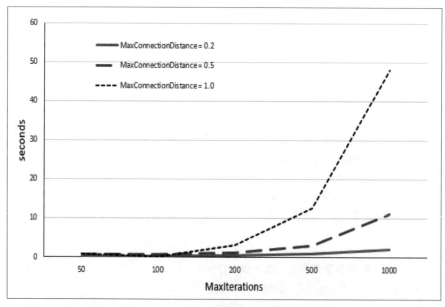

▲ 圖 6.10　參數設定影響路徑規劃的運算時間

另外考慮採用不同的 **MaxConnectionDistance** 設定（固定 MaxIterations
= 200），圖 6.11、圖 6.12、圖 6.13 顯示當 MaxConnectionDistance 參
數分別設定為 0.2、0.5、1.0 公尺，可以觀察到運算出的理想路徑，較
小的參數設定值容易規劃出曲折的路徑，會產出較多的航點資料（座標
點），預期的理想路徑應該是規劃平滑的路徑，藉此減少自走車行駛時
的震盪狀況。

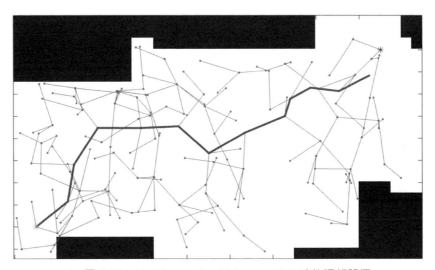

▲ 圖 6.11 MaxConnectionDistance = 0.2 時的理想路徑

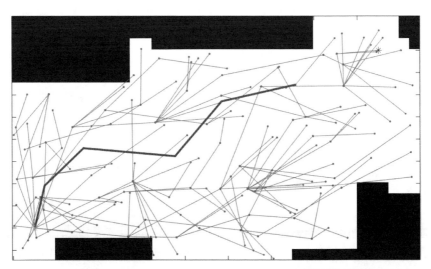

▲ 圖 6.12 MaxConnectionDistance = 0.5 時的理想路徑

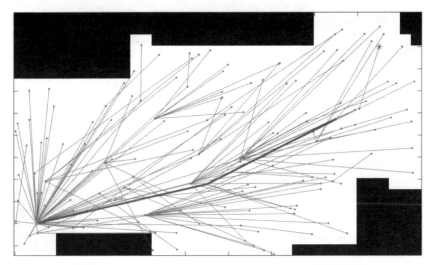

▲ 圖 6.13　MaxConnectionDistance = 1.0 時的理想路徑

考量實驗場域工作站間的距離，以達到平穩地運送物品，規劃採用
MaxConnectionDistance 設定值為 0.5 公尺作為路徑規劃參數，並進行
其他參數調整測試。

圖 6.14、圖 6.15、圖 6.16、圖 6.17 顯示 MaxIterations 參數設定分別為
50、100、500、1000 時，當 MaxConnectionDistance = 0.5 的狀況下，
愈大的 MaxIterations 設定值於運算時產生的參考分支也越多，隨著運
算次數增加，所規劃的路徑因此可以愈來愈優化，最後獲得較平滑的理
想路徑。

如圖 6.14 於 MaxIterations = 50 時，只產生少數的參考分支，理想路徑
就只能由這些參考分支相連而成，所以產生連接起始點到目標點的路徑
較為曲折；如圖 6.17 於 MaxIterations = 1000 時，產生的參考分支相當
的多，經過運算後連結的路徑，就相對平滑許多。

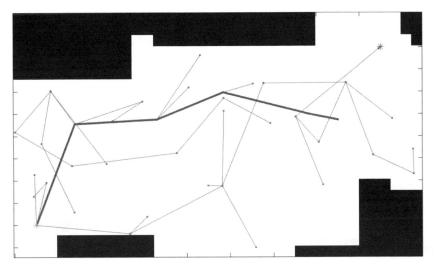

▲ 圖 6.14　MaxIterations = 50 時產生的理想路徑

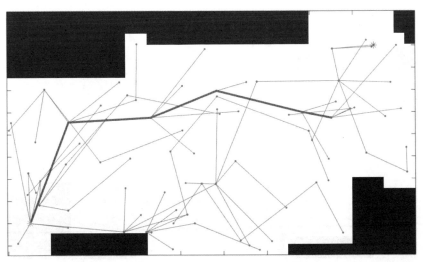

▲ 圖 6.15　MaxIterations = 100 時產生的理想路徑

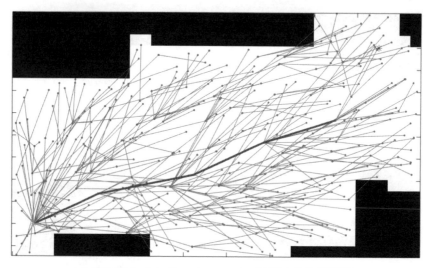

▲ 圖 6.16　MaxIterations = 500 時產生的理想路徑

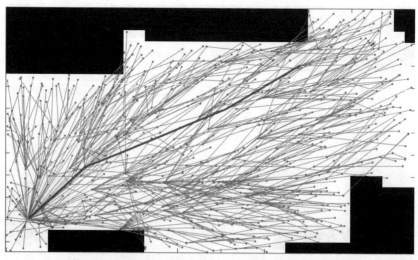

▲ 圖 6.17　MaxIterations= 1000 時產生的理想路徑

在航點資料產生後連結成行駛路徑，還需要檢查連結而成的行駛路徑
是否有穿越過障礙物狀況發生，或是路徑有太靠近障礙物的狀況（圖

6.18），因此需要對障礙物保留足夠的餘隙空間，才可避免行駛當中碰撞狀況發生。此外可以思考的是對全部場域進行路徑規劃，或是將路徑規劃的範圍只限定於場域裡的安全區域內，考慮場域中可能會劃分安全與危險區域，如此限制理想路徑的生成範圍，可以確保自走車行駛運動時可避免對場域內的其他設備造成干擾。

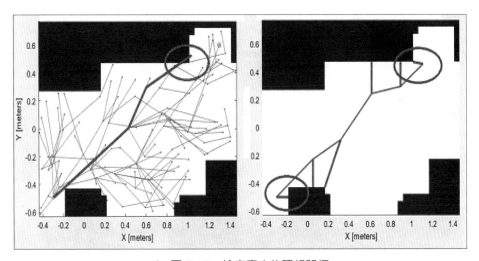

▲ 圖 6.18　檢查產生的理想路徑

圖 6.19 顯示路徑規劃會運算出數組的航點資料，呈現 XY 軸座標型式資訊，所有航點依序相互連接，會形成一條從初始點至目標點的連續線段，就是所規劃出的理想路徑，在這樣的條件中，所規劃出的理想導航路徑總長度為 2.2201 公尺。

圖 6.20 顯示於經過膨脹處理後的環境場域地圖中畫出所規劃出的理想路徑，可以觀察所預留的行駛餘裕空間是否充裕，在規劃行駛路徑時就盡可能避免碰撞發生，再去了解自走車實際行駛可能發生碰撞的地方，考慮再次進行路徑規劃。

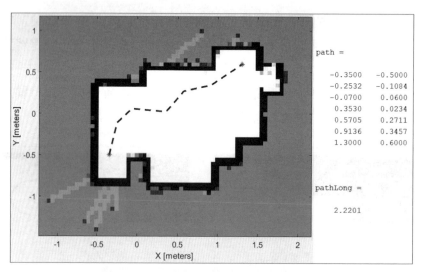

▲ 圖 6.19　航點資料所組成的無碰撞導航路徑

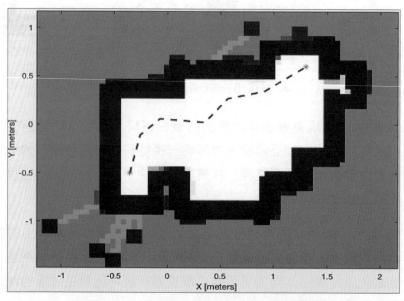

▲ 圖 6.20　導航路徑加入膨脹處理後的環境地圖

6.1.4 程式碼

圖 6.21 顯示路徑規劃程式碼。

```
1    %% 清除所有資料
2    close all; clear; clc;
3
4
5    %% 定義全域共用變數
6    global mapInflated;
7
8
9    %% 連結 MATLAB 與自走車
10   setenv("ROS_DOMAIN_ID", "30");
11   mtnode = ros2node("/matlab_test_node");
12   pause(6);
13
14   % 載入場域的佔據柵格地圖
15   load samplemap.mat
16   % 畫出環境地圖
17   figure(1);
18   show(org);
19
20   %% 建立訂閱與發佈別名
21   odomSub = ros2subscriber(mtnode, "/odom",...
22                    "Reliability", "reliable",...
23                    "Durability", "volatile",...
24                    "History", "keeplast",...
25                    "Depth", 1);
26   pause(1);
27   scanSub = ros2subscriber(mtnode, "/scan",...
28                    "Reliability", "besteffort",...
29                    "Durability", "volatile",...
30                    "History", "keeplast",...
31                    "Depth", 1);
```

```
32    pause(1);
33
34    velPub = ros2publisher(mtnode, "/cmd_vel",...
35                       "Reliability", "reliable",...
36                       "Durability", "transientlocal",...
37                       "Depth", 1);
38    velData = ros2message("geometry_msgs/Twist");
39    pause(1)
40
41    % 讀取里程計及 LiDAR 感測器資料
42    receive(odomSub, 5);
43    receive(scanSub, 5);
44    odomData = odomSub.LatestMessage;
45    scanData = scanSub.LatestMessage;
46    pause(0.5);
47    rate = rateControl(5);
48    % 計算自走車當前位置及姿態
49    pose = getRobotPose(odomSub)
50    ros2('topic', 'list')
51
52
53    %% 定義每一個工作站的座標位置
54    sGoal=[
55         -0.35, -0.50, -pi/2;      % 工作站一
56          1.00, -0.35,          0;      % 工作站二
57          1.30,  0.60,      pi/2       % 工作站三
58         ];
59
60    % 定義起始點與目標點
61    start = sGoal(1, :);
62    goal = sGoal(3, :);
63
64    % 計算起始點的校正值
65    offset =  start;
66    offset(3) = 0;
```

```
67
68    % 於地圖中標注起始點與目標點
69    hold on;
70    plot(start(1), start(2), 'b*', 'MarkerSize', 3);
71    plot(goal(1), goal(2), 'r*', 'MarkerSize', 3);
72    plot(0, 0, 'b*','MarkerSize', 3);
73    hold off;
74
75    %% 定義路徑規劃函式資料
76    stSpace = stateSpaceSE2;
77    stValidator = validatorOccupancyMap(stSpace);
78    stValidator.ValidationDistance = 0.1;
79
80    % 定義 RRT* 函式資料
81    planner = plannerRRTStar(stSpace, stValidator);
82    planner.ContinueAfterGoalReached = true;
83    planner.MaxConnectionDistance = 0.5;
84    planner.MaxIterations = 200;
85
86    % 進行膨脹處理
87    mapInflated = copy(org);
88    inflate(mapInflated, 0.05);
89
90    % 畫出環境地圖
91    figure(2);
92    show(mapInflated);
93
94    rng(10,'twister')
95    % 計算起始點到目標點的距離
96    goalDist = norm(goal(1:2)-start(1:2));
97    pathLong = 2 * goalDist;
98
99    % 定義路徑規劃參考地圖與範圍
100   stSpace.StateBounds = [mapInflated.XWorldLimits;...
101                              mapInflated.YWorldLimits;...
```

```
102                                                    [-pi pi]];
103  stValidator.Map = mapInflated;
104
105  %% 進行路徑規劃
106  while ((pathLong >= 1.5*goalDist))
107    % 進行路徑規劃運算
108    [pthObj, solnInfo] = plan(planner, start(1:3), goal(1:3));
109
110    % 如果無法運算結果則放寬給定條件
111    while pthObj.NumStates == 0
112      planner.MaxIterations = planner.MaxIterations + 100;
113      [pthObj, solnInfo] = plan(planner, start(1:3), goal(1:3))
114      disp('planner.MaxIterations + 100!');
115    end
116
117    % 畫出膨脹處理後的環境地圖
118    figure(3);
119    show(mapInflated);
120    hold on
121    % 畫出樹狀分枝
122    plot(solnInfo.TreeData(:,1), solnInfo.TreeData(:,2), '.-');
123    % 畫出規劃出的理想路徑
124    plot(pthObj.States(:,1), pthObj.States(:,2), 'r-', 'LineWidth', 2);
125    % 畫出起始點與目標點
126    plot(start(1), start(2), 'g*', 'MarkerSize', 5);
127    plot(goal(1), goal(2), 'r*', 'MarkerSize', 5);
128    hold off
129
130    % 連結起始點與目標點後的理想路徑
131    path = pthObj.States(:,1:2);
132    if path(end, :) ~= goal(1:2)
133      path = [path; goal(1:2)];
134    end
135
```

```
136     % 計算行駛路徑長度
137     pathLong = 0;
138     for i = 1:(length(path)-1)
139         pathLong = pathLong + norm(path(i,:) - path(i+1,:));
140     end
141
142     % 檢查是否為有效的理想路徑
143     pathMetricsObj = pathmetrics(pthObj, stValidator);
144     if ~isPathValid(pathMetricsObj)
145         disp('Invalid path');
146         pathLong = 2 * goalDist;
147     else
148         % 檢查是否為有太靠近障礙物狀況
149         if clearance(pathMetricsObj) < 0.1
150             disp('clearance is inValid.');
151             show(pathMetricsObj,'Metrics',{'StatesClearance'});
152             pathLong = 2 * goalDist;
153         else
154             % 符合檢查條件
155             disp('Valid path.');
156         end
157     end
158 end
159
160 % 畫出環境地圖並包含理想路徑及起始點與目標點
161 path
162 figure(4);
163 show(org);
164 hold on;
165 plot(path(:,1), path(:,2),'k--', 'LineWidth', 3);
166 plot(start(1), start(2), 'b*', 'MarkerSize', 5);
167 plot(goal(1), goal(2), 'r*', 'MarkerSize', 5);
168 hold off;
```

▲ 圖 6.21　路徑規劃程式碼

6.1.5 小結

- 路徑規劃最重要的目的，就是產生自走車行駛時所依循的無碰撞路徑。

- 採用 RRT* 演算法，以起始點作為根節點，通過隨機方式增加葉子節點，產生一個快速隨機搜索樹，當隨機樹中的葉子節點接近或是包含目標點，便可在隨機樹中找到一條可行的路徑。

- 路徑規劃後是以航點資料（Waypoints）的方式表現出可能的通行路徑，為了讓規劃出的行駛路徑更完美，還需要增加碰撞條件的檢查。

- 要預留足夠的餘隙空間，避免規劃出太靠近障礙物的路徑，造成自走車行駛運動時意外碰撞情形的發生。

- 進行路徑規劃時可以加入很多的限制檢查條件，相對的也需要花費較多的運算時間，即使可以規劃出最理想的導航路徑，但計算上需要花費太多的時間也是不完美。

- 當 MaxIterations 參數設定值變大，對於所需要的運算時間有顯著的影響，這個情況在採用較大的 MaxConnectionDistance 設定時更為明顯。

- MaxIterations 參數設定值愈大，產生的參考分支就會愈多，隨著運算次數增加，所規劃的路徑因此可以愈來愈優化，經過運算後連結而成的理想路徑就愈平滑。

6.1.6 練習

1. 嘗試修改隨機變數種子為 rng(15,'twister')，再進行路徑規劃，觀察理想路徑是否相同。

2. 由上題延伸嘗試修改 MaxIterations ＝ 1000 ，再進行路徑規劃，觀察理想路徑是否有變平滑。

3. 嘗試將工作站三定義為起始點、工作站一定義為目標點，進行路徑規劃。

◇ **6.2 路徑追蹤**

路徑規劃後就是要驅動無人自走車持續追隨所規劃的無碰撞理想路徑行駛，最後可以到達目標點。

6.2.1 流程方塊圖

路徑追蹤主要目的是無人自走車可以持續追隨，依照規劃出的航點資訊（Waypoints）連結成的理想路徑行駛，圖 6.22 顯示採用的路徑追蹤流程，本章節實驗採用 Pure Pursuit 演算法，藉由演算法計算出合適的線速度及角速度，將其透過 ROS 訊息溝通介面傳送到自走車並依循規劃出的路徑移動，同時比對自走車位置判斷是否到達目標點，一旦達到就停止移動。

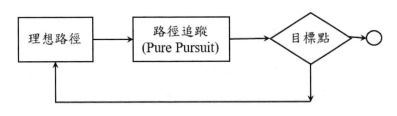

▲ 圖 6.22　路徑追蹤流程圖

6.2.2 程式說明

表 6.2 所示為運用到的 MATLAB 函式，路徑追蹤採用 controllerPurePursuit 函式，需要即時輸入自走車當前的位置及姿態訊息，然後運算出合適的線速度及角速度值。

表 6.2　路徑追蹤 MATLAB 函式

controllerPurePursuit	Create controller to follow set of waypoints

圖 6.23 顯示為 controllerPurePursuit 函式的範例程式，需要提供給演算法函式的資訊有最大速度（Velocity）設定值，及路徑的航點（Waypoints）資料；採用的最大線速度為 0.15 m/s，最大角速度為 1.0 deg/s 進行測試實驗。航點資訊帶入前一章節於路徑規劃時計算出的結果，或者是帶入想要進行測試的其他航點座標值。

```
%%
% 定義 Pure Pursuit 函式資料
controller = controllerPurePursuit;
controller.Waypoints = Waypoints;
controller.DesiredLinearVelocity = vMax;
controller.MaxAngularVelocity = wMax;
controller.LookaheadDistance = LookaheadDistance;
```

▲ 圖 6.23　路徑追蹤範例程式

其中前視距離（LookaheadDistance）為需要特別注意的參數，前視距離的設定值會影響到實際上行駛的路徑軌跡，可以依據實際需求做不同的設定。

圖 6.24 顯示定義每一個工作站的座標位置，每一組座標位置包含三個資料，第一個資料為 X 軸座標，第二個為 Y 軸座標，第三個為到達目標點座標時的姿態方向，也就是自走車所要朝向的方向。

```
% 定義每一個工作站的座標位置
sGoal=[
        -0.35, -0.50, -pi/2;    % 工作站一
         1.00, -0.35,     0;    % 工作站二
         1.30,  0.60,  pi/2     % 工作站三
      ];
```

▲ 圖 6.24　定義工作站位置座標

由於實驗中所規劃的路徑起始點（圖 6.5 的工作站一）並不是位於環境地圖的原點，所以需要將位置加上校正值，圖 6.25 顯示以起始點工作站一的座標位置作為校正值（offset），在讀取自走車里程計後進行座標計算時加以補正，用來獲得與環境地圖相匹配的位置座標。因為預期自走車里程計的初始值為（0, 0, 0），當起始點不是在原點時需要加上補正值（offset），里程計資料計算出的位置值才會與自走車實際上的座標位置相符合。

```
% 定義起始點
start = sGoal(1, :);

% 計算起始點的校正值
offset = start;
offset(3) = 0;
```

▲ 圖 6.25　計算自走車位置的校正值

開始實驗之前，需要注意的是自走車擺放在起始點位置的方位角度，需要將自走車朝向 0 度的方向，如此可以直接使用里程計座標再加上位置校正值，即可得到自走車在環境地圖上的位置座標，方位角度定義可以參考圖 6.26。實驗採用的角度定義遵循右手定則，方向以右邊方向為 0 度，逆時針方向角度為正方向，順時針方向角度為負，可以表示為 0 ~ 360 度 或是 0 ~ ±180。

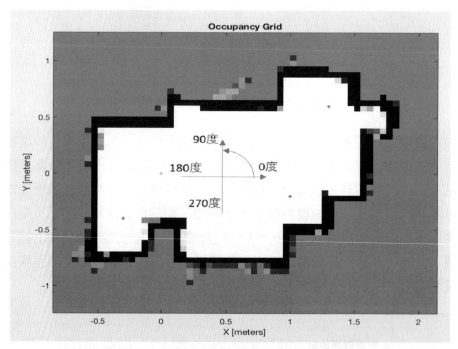

▲ 圖 6.26 方向角度定義

接著可以預想的是自走車擺放的方向，會與理想路徑的起始方向不同，所以在開始進行路徑追蹤前，需要先讓自走車旋轉到預期的行駛方向準備好，程式碼如圖 6.27 顯示，先計算出第一個航點的方向角度（slope），以及與自走車當前姿態方向的角度差（alpha），然後旋轉自走車朝向第一個航點，在這段程式中變動的只有角速度，這樣可以讓自走車在開始移動時就可以依循所規劃的路徑行駛，避免最前面一段時間，類似迷失方向般的偏離狀況。

```
while (abs(alpha) >= 0.1)
    % 計算角速度
    w = (wMax * sin(alpha));

    % 驅動自走車旋轉
    velData.linear.x = 0;
    velData.angular.z = w;
    send(velPub, velData);
    waitfor(rate);

    % 計算自走車當前位置及姿態
    pose = getRobotPose(odomSub) + offset;
    slope = atan2((path(2,2) - pose(2)),...
                  (path(2,1) - pose(1)));

    % 計算角度差
    alpha = slope - pose(3);
end
```

▲ 圖 6.27　進行路徑追蹤前的前置準備

圖 6.28 顯示在到達目標點前，可以加入接近目標點時逐步減速的動作，避免行駛速度由高速突然改變為低速度所造成的緊急煞車情況，當自走車與目標點的距離小於 0.5 公尺時，將線速度及角速度設定值與目標點距離的正弦函數的乘積作為新的線速度及角速度設定值，預期讓行駛中的自走車最後是以較慢的速度一直到停止為止，希望這樣的速度控制可以維持運送物品的平穩，以及避免自走車停止時，裝載的物品突然掉落的狀況發生。這個時候由於自走車已經接近目標點，設定較小的前視距離，使自走車可以正確地到達目標點。

```
% 接近目標點時進行減速的動作
if (goalDist <= 0.5)
    release(controller);

    % 計算新的線速度值與角速度值
    % 為與目標點距離的正弦函數的乘積
    controller.DesiredLinearVelocity = vMax * sin(goalDis);
    controller.MaxAngularVelocity = wMax * sin(goalDist);

    % 設定新的前視距離
    controller.LookaheadDistance = 0.2;
end
```

▲ 圖 6.28　接近目標點時減速

最後，當行駛到達目標點時，自走車的位置應當是到達容許的誤差範圍內，因自走車車頭方向部分可能不是原先預期的方向，為了克服這個情況，可以在行駛到達目標點位置後，再做旋轉進行方向的調整，轉向到預定的方位，以方便運送物品的運輸，程式碼如圖 6.29 顯示。首先需要知道目標點座標方向，也就是期望自走車到達目標點時的姿態方向，與自走車當前位置及姿態，接著計算出兩者的角度差（alpha），將最大角速度值乘上角度差（alpha）的正弦函數，計算出角速度驅動自走車旋轉，如此可以使轉動中的自走車緩慢的停止，在這段程式中變動的只有角速度。

```
% 目標點座標方向
orientation = goal(3);
while (abs(alpha) >= goalRadius/2)
  % 計算角速度
  w = wMax * sin(alpha);

  % 驅動自走車旋轉
  velData.linear.x = 0;
  velData.angular.z = w;
  send(velPub, velData);
  waitfor(rate);

  % 計算自走車當前位置及姿態
  pose = getRobotPose(odomSub);
  pose = pose + offset;

  % 計算角度差
  if orientation == pi
    alpha = orientation - sign(pose(3))*pose(3);
    alpha = sign(pose(3))*alpha;
  else
    alpha = orientation - pose(3);
    if abs(alpha) >= pi
      alpha = sign(pose(3))*(2*pi - abs(alpha));
    end
  end
end
```

▲ 圖 6.29　到達目標點時進行方向調整

6.2.3 實驗結果討論

在路徑追蹤中，探討不同前視距離參數（LookaheadDistance）的設定值，實際上產生的不同路徑追蹤的行為。圖 6.30、圖 6.31、圖 6.32 顯示改變 LookaheadDistance 的設定值分別為 0.2、0.5、1.0 的實驗結果。

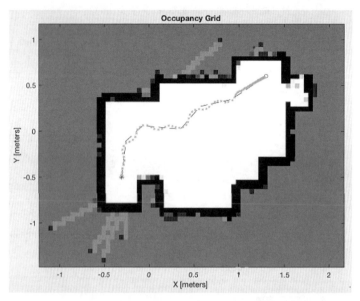

▲ 圖 6.30　LookaheadDistance = 0.2 的路徑追蹤行為

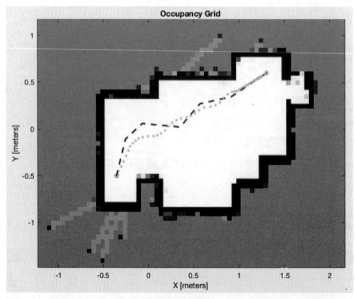

▲ 圖 6.31　LookaheadDistance = 0.5 的路徑追蹤行為

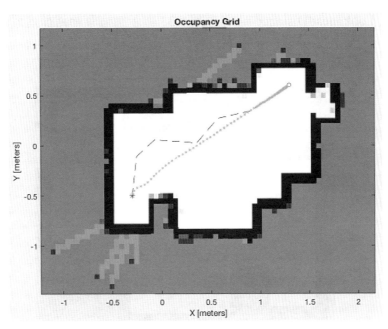

▲ 圖 6.32　LookaheadDistance = 1.0 的路徑追蹤行為

在實驗場域裡以規劃出的理想路徑進行測試，實驗結果顯示較小的
LookaheadDistance 參數設定，可以驅動自走車比較準確地沿著理想路
徑行駛，但缺點是有震盪的狀況會產生，也相對花費較多的行駛時間；
為了克服震盪的狀況發生採用較大的參數設定，自走車行駛時產生的
震盪減少，行駛時間也減少，卻發生無法準確地跟隨理想路徑行駛的狀
況。

由這個章節的實驗可以知道，LookaheadDistance 的參數設定應當是
需要配合實際場域狀況與使用需求，然後再決定一個相對合適的設定
值。如果考量物品運送以平穩為主要需求，應盡量減少震盪狀況發生，
則 LookaheadDistance 較大；如果考量的是行駛時遵循給定路徑的準確
度，則 LookaheadDistance 較小，但震盪狀況就可能需要採取其他方法
排除或是減少對行駛的影響。實驗中配合實驗場域條件，採取的參數設

定值為 LookaheadDistance = 0.5，圖 6.33 顯示這個章節路徑追蹤的實驗結果。

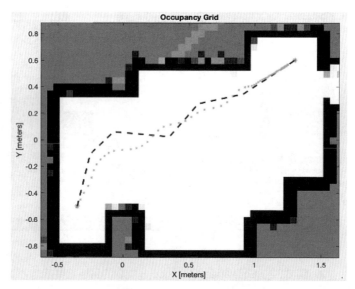

▲ 圖 6.33　路徑追蹤實驗結果

多次實驗後讀者可能會發現，自走車並無法正確的在目標點範圍內停止，而是還有相當的距離，這是因為行駛時的打滑及摩擦問題，會讓自走車最後到達目標點停止時的實際位置與預期位置不同，與目標點位置有偏差是正常的，也是預期中的現象，這個偏差值與實驗場域的地面條件有很大的關係。

6.2.4 程式碼

圖 6.34 為路徑追蹤程式碼。

```
1    %% 定義全域共用變數
2    global odomSub;
3    global scanSub;
```

```
4    global velPub;
5    global velData;
6    global distObstacle;
7    global min_idx;
8    global max_idx;
9    global vMax;
10   global wMax;
11   global vMin;
12   global wMin;
13   global rate;
14   global goalRadius;
15   global offset;
16
17   % 設定共用變數
18   vMax = 0.15;
19   wMax = 1.00;
20   vMin = 0.03;
21   wMin = 0.03;
22   goalRadius = 0.05;
23   distObstacle = 0.5;
24   resolution = 1;
25   front_idx = 1;
26   min_idx = 60;
27   max_idx = 300;
28
29
30   %% 連結 MATLAB 與自走車
31   setenv("ROS_DOMAIN_ID", "30");
32   mtnode = ros2node("/matlab_test_node");
33   pause(6);
34
35   % 載入場域的佔據柵格地圖
36   load samplemap.mat
37
38
```

```
39   %% 建立訂閱與發佈別名
40   odomSub = ros2subscriber(mtnode, "/odom",...
41                    "Reliability", "reliable",...
42                    "Durability", "volatile",...
43                    "History", "keeplast",...
44                    "Depth", 1);
45   pause(1);
46   scanSub = ros2subscriber(mtnode, "/scan",...
47                    "Reliability", "besteffort",...
48                    "Durability", "volatile",...
49                    "History", "keeplast",...
50                    "Depth", 1);
51   pause(1);
52
53   velPub = ros2publisher(mtnode, "/cmd_vel",...
54                    "Reliability", "reliable",...
55                    "Durability", "transientlocal",...
56                    "History", "keeplast",...
57                    "Depth", 1);
58   velData = ros2message("geometry_msgs/Twist");
59   pause(1)
60
61   ros2('topic', 'list')
62
63   % 讀取里程計及 LiDAR 感測器資料
64   receive(odomSub, 5);
65   receive(scanSub, 5);
66   odomData = odomSub.LatestMessage;
67   scanData = scanSub.LatestMessage;
68   pause(0.5);
69   rate = rateControl(10);
70   % 計算自走車當前位置及姿態
71   pose = getRobotPose(odomSub)
72
73
```

```
74    %% 定義每一個工作站的座標位置
75    sGoal=[
76          -0.35, -0.50, -pi/2;         % 工作站一
77           1.00, -0.35,           0;      % 工作站二
78           1.30,  0.60,        pi/2       % 工作站三
79         ];
80
81    % 定義起始點與目標點
82    start = sGoal(1, :);
83    goal = sGoal(3, :);
84
85    % 計算起始點的校正值
86    offset = start;
87    offset(3) = 0;
88
89
90    % 畫出環境地圖並包含起始點與目標點
91    figure(1);
92    show(org);
93    hold on;
94    plot(start(1), start(2), 'b*', 'MarkerSize', 3);
95    plot(goal(1), goal(2), 'r*', 'MarkerSize', 3);
96    hold off;
97
98    % 進行膨脹處理並畫出環境地圖
99    mapInflated = copy(org);
100   inflate(mapInflated, 0.05);
101   figure(2);
102   show(mapInflated);
103
104
105   % 由路徑規劃計算出的航點資訊
106   path = [-0.3500   -0.5000;
107          -0.2532   -0.1084;
108          -0.0700    0.0600;
```

```
109             0.3530      0.0234;
110             0.5705      0.2711;
111             0.9136      0.3457;
112             1.3000      0.6000];
113
114
115   % 計算行駛路徑長度
116   pathLong = 0;
117   for i = 1:(length(path)-1)
118     pathLong = pathLong + norm(path(i,:) - path(i+1,:));
119   end
120   % 計算起始點到目標點的距離
121   goalDist = norm(goal(1:2)-start(1:2));
122
123
124   %% 旋轉自走車到預期的行駛方向
125   pose = getRobotPose(odomSub) + offset;
126   slope = atan2((path(2,2) - pose(2)),(path(2,1) - pose(1)));
127   alpha = slope - pose(3);
128
129   while (abs(alpha) >= 0.1)
130     % 計算角速度
131     w = (wMax * sin(alpha));
132
133     % 驅動自走車旋轉
134     velData.linear.x = 0;
135     velData.angular.z = w;
136     send(velPub, velData);
137     waitfor(rate);
138
139     % 計算自走車當前位置及姿態
140     pose = getRobotPose(odomSub) + offset;
141     slope = atan2((path(2,2) - pose(2)),...
142                     (path(2,1) - pose(1)));
143     % 計算角度差
```

```
144     alpha = slope - pose(3);
145  end
146
147  % 設定速度參數為 0
148  velData.linear.x = 0;
149  velData.angular.z = 0;
150  send(velPub, velData);
151
152
153  %% 定義 Pure Pursuit 函式資料
154  controller = controllerPurePursuit;
155  controller.Waypoints = path;
156  controller.DesiredLinearVelocity = vMax;
157  controller.MaxAngularVelocity = wMax;
158  controller.LookaheadDistance = 0.50;
159
160  % 畫出環境地圖並包含起始點、目標點與規劃的行駛路徑
161  pose = getRobotPose(odomSub) + offset;
162  figure(3);
163  show(org);
164  hold on;
165  plot(path(:,1), path(:,2),'k--', 'LineWidth', 2)
166  plot(start(1), start(2), 'b*', 'MarkerSize', 5);
167  plot(goal(1), goal(2), 'r*', 'MarkerSize', 5);
168  hold off;
169
170  %% 驅動自走車前往目標點
171  reset(rate);
172  receive(odomSub, 5);
173  goalDist = 50 * goalRadius;
174  % 判斷是否到達目標點
175  while(goalDist >= goalRadius/2)
176       % 進行 Pure Pursuit 運算
177      [v, w, aheadPt] = controller(pose);
178
```

```
179        % 驅動自走車行進
180        velData.linear.x = v;
181        velData.angular.z = w;
182        send(velPub, velData);
183        waitfor(rate);
184
185        % 計算自走車當前位置及姿態
186        pose = getRobotPose(odomSub) + offset;
187        hold on
188        % 於地圖中標注自走車當前位置
189        plot(pose(1), pose(2), 'g*','MarkerSize',2);
190        hold off
191
192        % 計算自走車與目標點的距離
193        goalDist = norm(pose(1:2) - path(end,:));
194        % 接近目標點時進行減速的動作
195        if (goalDist <= 0.5)
196            release(controller);
197
198            % 計算新的線速度值與角速度值
199            % 為與目標點距離的正弦函數的乘積
200            controller.DesiredLinearVelocity = vMax * sin(goalDis);
201            controller.MaxAngularVelocity = wMax * sin(goalDist);
202
203            % 設定新的前視距離
204            controller.LookaheadDistance = 0.2;
205        end
206 end
207
208        % 自走車運動停止
209        velData.linear.x = 0;
210        velData.angular.z = 0;
211        send(velPub, velData);
212
213        % 計算自走車當前位置及姿態
```

```
214      pose = getRobotPose(odomSub) + offset;
215
216      % 到達目標點時進行方向調整
217      pt2Goal(goal);
218      disp('Reach Goal!')
219
220      % 到達目標點並停止
221      velData.linear.x = 0;
222      velData.angular.z = 0;
223      send(velPub, velData);
224
225      release(controller);
226
227
228  %% 旋轉自走車朝向目標點方向
229  function pt2Goal(goal)
230      global odomSub;
231      global velPub;
232      global velData;
233      global goalRadius;
234
235      global wMax;
236      global wMin;
237      global offset;
238
239      rate = rateControl(5);
240      % 到達目標點座標時的姿態方向
241      orientation = goal(3);
242
243      % 計算自走車當前位置及姿態
244      pose = getRobotPose(odomSub);
245      pose = pose + offset;
246
247      % 計算角度差
248      if orientation == pi
```

```
249        alpha = orientation - sign(pose(3))*pose(3);
250        alpha = sign(pose(3))*alpha;
251    else
252        alpha = orientation - pose(3);
253    end
254
255    while (abs(alpha) >= goalRadius/2)
256        % 計算角速度
257        w = wMax * sin(alpha);
258
259        if (abs(alpha) > 0.5*pi && abs(alpha) < 1.2*pi)
260            w = sign(w)*wMax;
261        end
262
263        if abs(w) > wMax
264            w = sign(w)*wMax;
265        end
266
267        if abs(w) < wMin
268            w = sign(w)*wMin;
269        end
270
271        % 驅動自走車旋轉
272        velData.linear.x = 0;
273        velData.angular.z = w;
274        send(velPub, velData);
275        waitfor(rate);
276
277        % 計算自走車當前位置及姿態
278        pose = getRobotPose(odomSub);
279        pose = pose + offset;
280
281        % 計算角度差
282        if orientation == pi
283            alpha = orientation - sign(pose(3))*pose(3);
```

```
284         alpha = sign(pose(3))*alpha;
285       else
286         alpha = orientation - pose(3);
287         if abs(alpha) >= pi
288           alpha = sign(pose(3))*(2*pi - abs(alpha));
289         end
290       end
291     end
292
293     hold on
294     plot(pose(1), pose(2), 'g*', 'MarkerSize', 2);
295     hold off
296 end
297
298 %% 計算自走車當前位置及姿態
299 function pose = getRobotPose(odomSub)
300     % 讀取里程計感測器資料
301     odomData = odomSub.LatestMessage;
302     pause(0.2);
303     % 讀取自走車位置資料
304     position = odomData.pose.pose.position;
305     % 讀取自走車姿態資料
306     orientation = odomData.pose.pose.orientation;
307     odomQuat = [orientation.w, orientation.x, ...
308                     orientation.y, orientation.z];
309     odomRotation = quat2eul(odomQuat);
310     pose = [position.x, position.y odomRotation(1)];
311 end
```

▲ 圖 6.34　路徑追蹤程式碼

6.2.5 小結

■ 路徑追蹤就是驅動自走車移動，持續追隨並按照路徑規劃所產生的無碰撞理想路徑行駛，最後可以到達目標點。

- 實驗採用 Pure Pursuit 演算法，藉由演算法計算出合適的線速度及角速度驅動自走車移動。需要提供給演算法函式的資訊有最大速度（Velocity）、路徑的航點資料（Waypoints）及前視距離（LookaheadDistance）。

- 如果所規劃的路徑起始點並不是環境地圖的原點，需要注意再加上位置校正值，獲得與環境地圖相符合的位置座標。

- 需要注意的是自走車擺放在起始點位置的方位角度，需要將自走車朝向 0 度的方向，否則需要再加上方位的校正值。

- 角度定義遵循右手定則，逆時針方向角度為正方向，順時針方向角度為負。

- 自走車開始進行路徑追蹤前，先讓自走車旋轉到預期的行駛方向準備好，可以減少追蹤到理想路徑的時間。

- 較小的前視距離設定，可以驅動自走車比較準確地沿著理想路徑行駛，但缺點是有震盪的狀況會產生；採用較大的參數設定，卻容易發生無法準確地跟隨理想路徑行駛的狀況。

6.2.6 練習

1. 嘗試修改 goalRadius = 0.2 再進行路徑追蹤，觀察自走車到達目標點的位置與先前實驗的差異。

2. 嘗試修改前視距離（LookaheadDistance）參數設定為 0.3 ，再進行路徑追蹤，觀察自走車移動座標有哪些不同。

3. 嘗試修改帶入圖 6.35 所示不同的航點資訊（Waypoints）再次進行路徑追蹤實驗。

```
1    % 由路徑規劃計算出的航點資訊
2    path = [ -0.3500,   -0.5000;
3             0.0032,   -0.2888;
4             0.0978,   -0.0019;
5             0.5120,    0.0794;
6             0.6097,    0.3364;
7             0.9858,    0.3464;
8             1.2386,    0.5505;
9             1.3000,    0.6000];
```

▲ 圖 6.35　實驗用不同的航點資訊（Waypoints）

6.3 避開障礙物

無人自走車主要是可以平穩地進行運送物品的工作，行駛時不要發生碰撞狀況，在行駛當中能夠探測周邊環境，並且知道是否有障礙物出現然後即時閃避。

6.3.1 流程方塊圖

本章節主要目的是讓無人自走車能夠知道障礙物存在並採取行動閃避障礙物，自走車在依循規劃好的行駛路徑移動的同時，也隨時注意前方是否有障礙物出現，並即時閃避以免造成碰撞狀況。圖 6.36 為行駛時閃避障礙物動作流程，實驗中採用 LiDAR 感測器探測自走車周圍環境的即時資訊作為輸入，當有障礙物出現在避障反應範圍內時，透過 VFH+ 演算法來進行反應閃避障礙物，依據當時環境狀況，採取安全的方式閃避障礙物，避免碰撞發生。

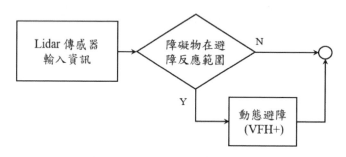

▲ 圖 6.36 閃避障礙物動作流程圖

6.3.2 程式說明

實驗中自走車採用 LiDAR 感測器來探測環境，獲得周圍環境中的障礙物資訊，即是障礙物與自走車的相對距離及方位。當自走車與障礙物的距離小於安全的反應範圍時，採用 VFH+ 演算法進行計算分析，表 6.3 顯示運用 **controllerVFH** 函式閃避發現的障礙物，計算出下一次的移動方向。由於 VFH+ 只需要考慮當時環境資訊，因此計算速度較快，可以即時反應閃避鄰近的障礙物。

表 6.3　避開障礙物 MATLAB 函式

controllerVFH	Avoid obstacles using vector field histogram

圖 6.37 顯示為 VFH+ 演算法的設定範例程式，給定 SafetyDistance 的設定值可以參考自走車行駛速度，也就是說在較高速的行駛條件下，需要採用較大的安全距離設定來爭取閃避障礙物所需要的反應時間，採取的設定值為 22.5 公分（RobotRadius * 1.5）。

DistanceLimits 為所需要進行避障動作反應的範圍，下限參數設定用於忽略近距離的探測數據，用來避免感測器誤動作；上限設定值是避障所需要考慮的有效距離範圍，考慮 LiDAR 感測器規格最短的感測距離近

是 0.12 公尺、實驗平台的線速度設定值與場域條件，將反應範圍設定
為 [0.15 0.5] 單位為公尺。

```
% 定義 VFH 函式資料
VFH = controllerVFH;
VFH.UseLidarScan = true;
VFH.DistanceLimits = [MinDist MaxDist];
VFH.RobotRadius = RobotRadius;
VFH.SafetyDistance = SafetyDistance;
VFH.MinTurningRadius = TurningRadius;
VFH.HistogramThresholds= [MinHist MaxHist];
```

▲ 圖 6.38　閃避障礙物範例程式

其餘的參數設定可以依據自走車的硬體規格資訊給定。VFH+ 演算法所
需要的參數資訊，如圖 6.39 顯示 [36]。

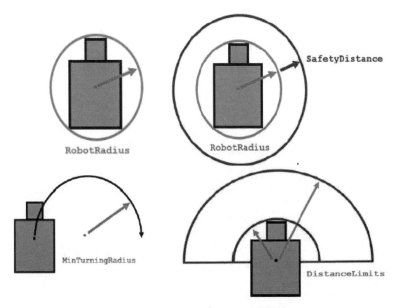

▲ 圖 6.39　VFH+ 演算法參數資訊

此外，**HistogramThresholds** 參數式以上下限值的方式設定，可以想像為大小兩個同心圓，大同心圓表示上限設定值，小同心圓代表下限設定值。小同心圓內側的區域範圍為安全範圍，表示不需要考慮行進方向障礙物存在問題；大同心圓外側區域範圍表示為不安全的範圍，代表有障礙物相當靠近自走車。參數的設定可以按照場域條件，以及自走車行駛速度等調整，實驗中採用的設定為 [2, 5]。

考量到行進運動時障礙物主要會出現於自走車前方，以自走車正前方120 度範圍為即時障礙物偵測的範圍，行駛中一旦偵測到有障礙物出現在這個範圍內時，隨即採取避障反應動作，如此即時探測障礙物並進行反應。自走車進行閃避障礙物的的角速度修正程式碼如圖 6.39 顯示，以當時的環境資訊作為輸入，然後以演算法則計算出前進方向修正建議值，實驗中以此建議值乘上 0.5 當作下一次移動的角速度值，如此進行角速度修正。

```
% 計算預計的移動方向
targetDir = atan2(aheadPt(2)-pose(2),...
                                   aheadPt(1)-pose(1)) - pose(3);


% 抓取 LiDAR 感測器資料
ranges = [transScan.Ranges(min_idx:max_idx)];
angles = [transScan.Angles(min_idx:max_idx)];
scans = lidarScan(ranges, angles);


% 進行 VHF 避障運算
steerDir = VFH(scans, double(targetDir));


% 運算角速度修正值
w = 0.5 * steerDir;
```

▲ 圖 6.39　自走車的角速度修正

6.3.3 實驗結果討論

採用 VFH+ 演算法，自走車行駛時以 LiDAR 感測器探測行進方向是否有障礙物存在，依據當時環境狀況計算前進方向修正建議值。根據給定的避障範圍內的環境及障礙物資訊數據計算出統計直方圖，然後以 360 度的圓形方式表現。

圖 6.40 左圖顯示，具有分布密集的扇形區域，就是避障範圍內的障礙物依距離權重關係計算出的直方圖，HistogramThresholds 參數表示為圖形範圍內側的兩個大小同心圓。

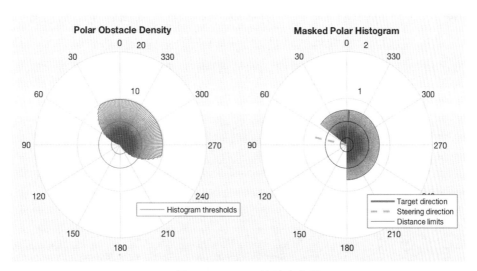

▲ 圖 6.40　VHF+ 統計直方圖

HistogramThresholds 參數式以上、下限值的方式設定，實驗中採用的設定值為 [2 5]，上限設定值是 5 表示為大同心圓，下限設定值是 2 表示為小同心圓，設定值需要考量於避障範圍內的障礙物統計直方圖的分佈狀況，可以考慮依據實驗場域條件，或是自走車行駛速度及運動狀況測試調整。

圖 6.40 左圖的扇形直方圖區域涵蓋到大同心圓外側，代表在這一個方向障礙物的分佈密度值較高，也就是自走車右前方向避障範圍內具有障礙物存在需要閃避；相反的，位於小同心圓內側的區域範圍可以視為是安全的。位於大小同心圓間的區域表示維持上一次偵測統計時的障礙物存在狀態。實際操作上，可以藉由觀察圖 6.40 左圖顯示的直方圖圖形介面，再比對當前自走車的周圍環境障礙物分佈狀況，重複測試並調整出符合需求的上下限參數設定值。圖 6.40 右圖可以用來了解自走車原本預期理想的行進方向，與計算出的修正建議方向的差異，與直方圖分布狀況是否符合可以閃避障礙物的需求。

此外可以同時對照如圖 6.41 顯示的自走車周圍環境狀況，這是採用 LiDAR 感測器探測當時的環境狀況所得到的資訊，透過這個方式就可以了解並確認自走車與障礙物間的位置關係，在進行實驗的時候可以運用這些除錯工具，反覆的測試及調整相關的參數以達到預期的結果。

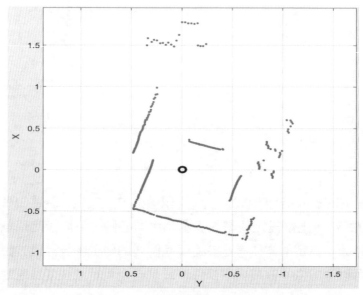

▲ 圖 6.41　LiDAR 傳感器探測到的周邊環境

本實驗於實驗場域中加上未預期的障礙物，圖 6.42 顯示在實驗場域規劃好的理想行駛路徑中擺放障礙物。接著採用所規劃的路徑追蹤與閃避障礙物的演算法，驅動無人自走車進行自主行駛由起始點出發行駛至目標點，圖 6.43 顯示為自走車行駛時進行路徑追蹤及閃避障礙物的里程計回饋的位置資訊。自走車在行駛當中，當探測到障礙物於反應範圍時即開始採取閃避行為，繞過障礙物，閃避後依然是維持朝向目標點方向行駛，最後仍然可以如圖 6.43 顯示到達目標點。

▲ 圖 6.42　實驗場域與障礙物實際配置

接下來嘗試改變自走車的線速度與角速度後再進行障礙物閃避實驗，保持採用相同的路徑追蹤與閃避障礙物演算法與參數設定，驅動自走車行駛做為比對，實驗後自走車仍然可以到達目標點，圖 6.43 顯示實驗後的里程計位置資訊回饋結果，可以觀察到行駛當中，震盪的狀況頻繁的發生，所以實驗中如果因為地面條件不同而發現自走車的行駛有震盪狀況，是可以嘗試改變線速度及角速度的設定值再進行實驗。

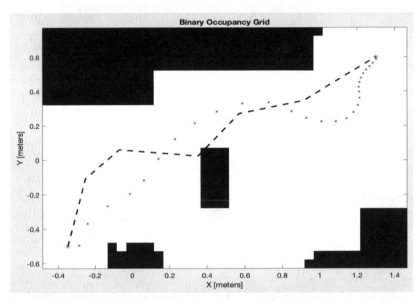

▲ 圖 6.43　行駛時閃避障礙物路徑與導航路徑比較

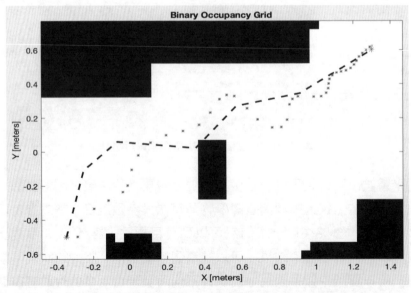

▲ 圖 6.44　改變線速度及角速度進行障礙物閃避實驗

此外，在自走車行駛中嘗試故意改變行駛中自走車的行駛方向，朝向更接近障礙物的方向用來測試避障反應，圖 6.45 顯示的實驗結果，自走車還是可以成功的使用 LiDAR 感測器探測環境，套用 VHF+ 演算法閃避障礙物避免碰撞，然後還是保持朝向目標點的方向行駛，最後到達目標點。

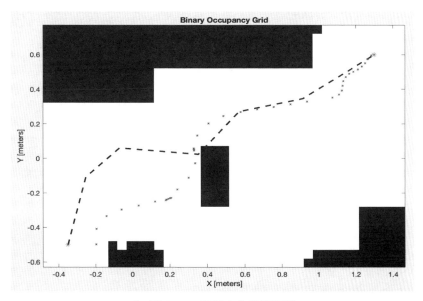

▲ 圖 6.45　行駛中的閃避測試

實驗中我們採用自主導航的方式驅動並控制無人自走車，進行自主的運動及閃避障礙物，實驗的結果我們可以發現，雖然里程計回饋的位移資訊表示自走車已經到達最後的目標點，但實際上跟實際目標點間還有一段距離存在，行駛時與地面實際的摩擦及打滑狀況是需要考慮。如果自走車在行駛運動中可以觀察比對環境地圖，然後補正位置的偏差，就可以克服這種狀況，下一章節將採用自主定位的方式來補償定位上的問題。

6.3.4 程式碼

圖 6.46 顯示避開障礙物程式碼。

```
1    %% 定義全域共用變數
2    global org;
3    global mapInflated;
4    global odomSub;
5    global scanSub;
6    global velPub;
7    global velData;
8    global distObstacle;
9    global min_idx;
10   global max_idx;
11   global vMax;
12   global wMax;
13   global vMin;
14   global wMin;
15   global rate;
16   global goalRadius;
17   global offset;
18
19   % 設定共用變數
20   vMax = 0.15;
21   wMax = 1.00;
22   vMin = 0.03;
23   wMin = 0.03;
24   goalRadius = 0.05;
25   robotRadius = 0.15;
26   distObstacle = 0.5;
27   turnRadius = 0.5;
28   resolution = 1;
29   front_idx = 1;
30   min_idx = 60;
31   max_idx = 300;
```

```
32
33
34    %% 連結 MATLAB 與自走車
35    setenv("ROS_DOMAIN_ID", "30");
36    mtnode = ros2node("/matlab_test_node");
37    pause(10);
38
39    % 載入場域的佔據柵格地圖
40    load samplemap.mat
41
42    %% 建立訂閱與發佈別名
43    odomSub = ros2subscriber(mtnode, "/odom",...
44                     "Reliability", "reliable",...
45                     "Durability", "volatile",...
46                     "History", "keeplast",...
47                     "Depth", 1);
48    pause(1);
49    scanSub = ros2subscriber(mtnode, "/scan",...
50                     "Reliability", "besteffort",...
51                     "Durability", "volatile",...
52                     "History", "keeplast",...
53                     "Depth", 1);
54    pause(1);
55
56    velPub = ros2publisher(mtnode, "/cmd_vel",...
57                     "Reliability", "reliable",...
58                     "Durability", "transientlocal",...
59                     "History", "keeplast",...
60                     "Depth", 1);
61    velData = ros2message("geometry_msgs/Twist");
62    pause(1)
63
64    ros2('topic', 'list')
65
66    % 讀取里程計及LiDAR 感測器資料
```

```
67   receive(odomSub, 5);
68   receive(scanSub, 5);
69   odomData = odomSub.LatestMessage;
70   scanData = scanSub.LatestMessage;
71   pause(0.5);
72   rate = rateControl(10);
73   % 計算自走車當前位置及姿態
74   pose = getRobotPose(odomSub)
75
76
77   %% 定義每一個工作站的座標位置
78   sGoal=[
79         -0.35, -0.50, -pi/2;      % 工作站一
80          1.00, -0.35,     0;      % 工作站二
81          1.30,  0.60,   pi/2      % 工作站三
82         ];
83
84   % 定義起始點與目標點
85   start = sGoal(1, :);
86   goal = sGoal(3, :);
87
88   % 計算起始點的校正值
89   offset =  start;
90   offset(3) = 0;
91
92   % 畫出環境地圖並包含起始點與目標點
93   figure(1);
94   show(org);
95   hold on;
96   plot(start(1), start(2), 'b*', 'MarkerSize', 3);
97   plot(goal(1), goal(2), 'r*', 'MarkerSize', 3);
98   hold off;
99
100  % 進行膨脹處理並畫出環境地圖
```

```
101  mapInflated = copy(org);
102  inflate(mapInflated, 0.05);
103  figure(2);
104  show(mapInflated);
105  goalDist = norm(goal(1:2)-start(1:2));
106
107
108  % 由路徑規劃計算出的航點資訊
109  path = [-0.3500   -0.5000;
110                  -0.2532   -0.1084;
111                  -0.0700    0.0600;
112                   0.3530    0.0234;
113                   0.5705    0.2711;
114                   0.9136    0.3457;
115                   1.3000    0.6000];
116
117  % 計算行駛路徑長度
118  pathLong = 0;
119  for i = 1:(length(path)-1)
120    pathLong = pathLong + norm(path(i,:) - path(i+1,:));
121  end
122
123
124  %% 旋轉自走車到預期的行駛方向
125  pose = getRobotPose(odomSub) + offset;
126  slope = atan2((path(2,2) - pose(2)),...
127                       (path(2,1) - pose(1)));
128  alpha = slope - pose(3);
129
130  while (abs(alpha) >= 0.1)
131    % 計算角速度
132    w = (wMax * sin(alpha));
133
134    if (abs(alpha) > 0.5*pi && abs(alpha) < 1.2*pi)
```

```
135    w = sign(w)*wMax;
136    end
137
138    if abs(w) > wMax
139        w = sign(w)*wMax;
140    end
141
142    if abs(w) < wMin
143        w = sign(w)*wMin;
144    end
145
146    % 驅動自走車旋轉
147    velData.linear.x = 0;
148    velData.angular.z = w;
149    send(velPub, velData);
150    waitfor(rate);
151
152    % 計算自走車當前位置及姿態
153    pose = getRobotPose(odomSub) + offset;
154    slope = atan2((path(2,2) - pose(2)),...
155                        (path(2,1) - pose(1)));
156    % 計算角度差
157    alpha = slope - pose(3);
158
159        if (abs(alpha - 2*pi) <= 0.05)
160            velData.linear.x = 0;
161            velData.angular.z = 0;
162            send(velPub, velData);
163            break;
164        end
165 end
166
167 % 設定速度參數為 0
168 velData.linear.x = 0;
```

```
169   velData.angular.z = 0;
170   send(velPub, velData);
171
172
173   %% 定義 Pure Pursuit 函式資料
174   controller = controllerPurePursuit;
175   controller.Waypoints = path;
176   controller.DesiredLinearVelocity = vMax;
177   controller.MaxAngularVelocity = wMax;
178   controller.LookaheadDistance = 0.50;
179
180   % 定義 VFH 函式資料
181   VFH = controllerVFH;
182   VFH.UseLidarScan = true;
183   VFH.DistanceLimits = [0.15 distObstacle];
184   VFH.RobotRadius = robotRadius;
185   VFH.SafetyDistance = robotRadius * 1.5;
186   VFH.MinTurningRadius = turnRadius;
187   VFH.HistogramThresholds= [2 5];
188   VFH.CurrentDirectionWeight = 3;
189
190   % 畫出環境地圖並包含起始點、目標點與規劃的行駛路
191   pose = getRobotPose(odomSub) + offset;
192   figure(3);
193   show(org);
194   hold on;
195   plot(path(:,1), path(:,2),'k--', 'LineWidth', 2);
196   plot(start(1), start(2), 'b*', 'MarkerSize', 5);
197   plot(goal(1), goal(2), 'r*', 'MarkerSize', 5);
198   hold off;
199
200   %% 驅動自走車前往目標點
201   check = 0;
202   reset(rate);
```

```
203  receive(odomSub, 5);
204  receive(scanSub, 5);
205  goalDist = 50 * goalRadius;
206  % 判斷是否到達目標點
207  while(goalDist >= goalRadius)
208      % 讀取 LiDAR 感測器資料
209      scanData = receive(scanSub, 5);
210      pause(0.2);
211      scans = lidarScan(double(scanData.ranges), ...
212              linspace(scanData.angle_min, scanData.angle_max, 360));
213      transScan = scans;
214
215      % 進行 Pure Pursuit 運算
216      [v, w, aheadPt] = controller(pose);
217
218      % 判斷行進方向是否有障礙物存在
219      if (detObstacle() > 0) && (goalDist > 0.5)
220        disp('detObstacle()');
221
222          % 計算預計的移動方向
223          targetDir = atan2(aheadPt(2)-pose(2),...
224                                  aheadPt(1)-pose(1))...
225                                      - pose(3);
226          % 抓取 LiDAR 感測器資料
227          ranges = [transScan.Ranges(max_idx:360);...
228                      transScan.Ranges(1:min_idx)];
229          angles = [transScan.Angles(max_idx:360);...
230                      transScan.Angles(1:min_idx)];
231          scans = lidarScan(ranges, angles);
232
233          % 進行 VHF 避障運算
234          steerDir = VFH(scans, double(targetDir));
235          check = 1;
236      end
237
```

```
238        % 運算角速度修正值
239    if check == 1 && ~isnan(steerDir)
240      check = 0;
241      w = 0.5 * steerDir;
242      if abs(w) > wMax
243          w = sign(w)*wMax;
244      end
245      if abs(w) < wMin
246          w = sign(w)*wMin;
247      end
248    end
249
250        % 驅動自走車行進
251    velData.linear.x = double(v);
252    velData.angular.z = double(w);
253    send(velPub, velData);
254    waitfor(rate);
255
256        % 計算自走車當前位置及姿態
257    pose = getRobotPose(odomSub) + offset;
258    hold on
259        % 於地圖中標注自走車當前位置
260    plot(pose(1), pose(2), 'g*','MarkerSize',2);
261    hold off
262
263        % 計算自走車與目標點的距離
264    goalDist = norm(pose(1:2) - path(end,:));
265        % 接近目標點時進行減速的動作
266    if (goalDist <= 0.5)
267        release(controller);
268
269        % 計算新的線速度值與角速度值
270        controller.DesiredLinearVelocity = vMax/3;
271        controller.MaxAngularVelocity = wMax/3;
272
```

```
273          % 設定新的前視距離
274          controller.LookaheadDistance = 0.2;
275      end
276  end
277
278      % 自走車運動停止
279      velData.linear.x = 0;
280      velData.angular.z = 0;
281      send(velPub, velData);
282
283      % 計算自走車當前位置及姿態
284      pose = getRobotPose(odomSub) + offset;
285
286      % 到達目標點時進行方向調整
287      pt2Goal(goal);
288      disp('Reach Goal!')
289
290      % 到達目標點並停止
291      velData.linear.x = 0;
292      velData.angular.z = 0;
293      send(velPub, velData);
294
295      release(VFH);
296      release(controller);
297
298
299  %% 旋轉自走車朝向目標點方向
300  function pt2Goal(goal)
301      global odomSub;
302      global velPub;
303      global velData;
304      global goalRadius;
305
306      global wMax;
307      global wMin;
```

```
308     global offset;
309
310     rate = rateControl(5);
311     % 到達目標點座標時的姿態方向
312     orientation = goal(3);
313
314     % 計算自走車當前位置及姿態
315     pose = getRobotPose(odomSub);
316     pose = pose + offset;
317
318     % 計算角度差
319     if orientation == pi
320       alpha = orientation - sign(pose(3))*pose(3);
321       alpha = sign(pose(3))*alpha;
322     else
323       alpha = orientation - pose(3);
324     end
325
326     while (abs(alpha) >= goalRadius/2)
327       % 計算角速度
328       w = wMax * sin(alpha);
329
330       if (abs(alpha) > 0.5*pi && abs(alpha) < 1.2*pi)
331         w = sign(w)*wMax;
332       end
333
334       if abs(w) > wMax
335         w = sign(w)*wMax;
336       end
337
338       if abs(w) < wMin
339         w = sign(w)*wMin;
340       end
341
342       % 驅動自走車旋轉
```

```
343        velData.linear.x = 0;
344        velData.angular.z = w;
345        send(velPub, velData);
346        waitfor(rate);
347
348        % 計算自走車當前位置及姿態
349        pose = getRobotPose(odomSub);
350        pose = pose + offset;
351
352        % 計算角度差
353        if orientation == pi
354          alpha = orientation - sign(pose(3))*pose(3);
355          alpha = sign(pose(3))*alpha;
356        else
357          alpha = orientation - pose(3);
358          if abs(alpha) >= pi
359            alpha = sign(pose(3))*(2*pi - abs(alpha));
360          end
361        end
362      end
363
364      hold on
365      plot(pose(1), pose(2), 'g*', 'MarkerSize', 2);
366      hold off
367  end
368
369  %% 判斷是否有障礙物存在
370  function Exist = detObstacle()
371      global scanSub;
372      global distObstacle;
373      global min_idx;
374      global max_idx;
375
376      Exist = 1;
377
```

```
378      % 讀取 LiDAR 感測器資料
379      scanData = scanSub.LatestMessage;
380      pause(0.2);
381      scan = [scanData.ranges(max_idx:360),...
382                             scanData.ranges(1:min_idx)];
383      mindist = min(scan(~isnan(scan)));
384
385      % 障礙物是否相當靠近
386      if (mindist >= distObstacle)
387          Exist = 0;
388      end
389  end
390
391  %% 計算自走車當前位置及姿態
392  function pose = getRobotPose(odomSub)
393      % 讀取里程計感測器資料
394      odomData = odomSub.LatestMessage;
395      pause(0.2);
396
397      % 讀取自走車位置資料
398      position = odomData.pose.pose.position;
399      % 讀取自走車姿態資料
400      orientation = odomData.pose.pose.orientation;
401      odomQuat = [orientation.w, orientation.x, ...
402                     orientation.y, orientation.z];
403      odomRotation = quat2eul(odomQuat);
404
405      %% 自走車當前位置及姿態
406      pose = [position.x, position.y odomRotation(1)];
407  end
408
```

▲ 圖 6.46   避開障礙物程式碼

6.3.5 小結

■ 為了行駛時不要發生碰撞狀況，可以平穩地進行物品運送，自走車在依循規劃好的行駛路徑移動的同時，能夠探測周邊環境知道有障礙物出現，然後即時閃避不要發生碰撞。

■ 實驗中透過 VFH+ 演算法，採用 LiDAR 感測器探測自走車周圍環境的即時資訊，採用統計方式計算障礙物的位置及方位資料，進而求得各個方向的行進代價，採取安全的方式閃避障礙物。

■ 演算法參數方面，SafetyDistance 的設定值可以參考自走車行駛速度，需要採用足夠的安全距離爭取閃避障礙物所需要的反應時間。HistogramThresholds 的設定值為統計直方圖的上下限閾值，可以計算出安全的移動方向，其餘的參數設定可以依據自走車的硬體規格資訊給定。

■ 以自走車正前方 120 度為障礙物偵測的範圍，偵測到有障礙物出現在這個範圍內時，即採取避障反應動作。

■ VFH+ 演算法會計算出閃避障礙物的前進方向修正建議值，藉此計算出下一次移動的角速度修正值。

6.3.6 練習

1. 嘗試修改參數設定值 SafetyDistance = robotRadius * 2，再次進行實驗，觀察自走車移動座標有哪些不同。

2. 嘗試修改角速度修正程式碼 w = 0.8 * steerDir ，再次進行實驗，觀察自走車閃避障礙物狀況。

◇ **6.4 定位補償**

無人自走車實驗平台的硬體系統具備有里程計（Odometry），可以從里程計的回饋訊息，計算後得知自走車目前的位置及方位姿態的狀況。於前面章節的實驗結果可以了解，當自走車依據演算法行駛到達目標點並停止時，與真實的目標點間其實還有一些距離存在，說明了行駛時與地面的摩擦損耗及打滑現象問題，會讓里程計的參考度降低，並與實驗場域的地面條件有關係。

6.4.1 流程方塊圖

本章節採用適應蒙特卡羅定位法（Adaptive Monte Carlo Localization，AMCL），補償里程計定位的誤差問題，圖 6.47 顯示為系統運作流程概念，透過 LiDAR 感測器探測周圍環境，依據獲得的環境資訊來推估自走車當前的位置及方向，可以作為里程計定位誤差的補償方法。

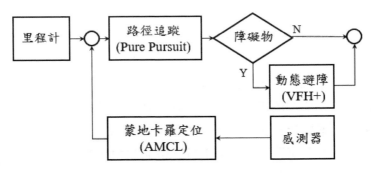

▲ 圖 6.47　系統定位補償流程圖

6.4.2 程式說明

表 6.4 所示採用 monteCarloLocalization 函式，根據 LiDAR 感測器探測周圍環境的數據資料，與已經建立的環境地圖做比對，推估出自走車可能的所在位置及方向，因為這個方法其實是透過機率的方式估測自走車最有可能的位置姿態，不會是 100% 的正確。適應蒙特卡羅定位法的定位方法，可以補償自走車移動過程中里程計誤差的狀況，使自走車完成自主導航定位，可以減少或是移除其他的定位輔助基礎設施的建置。

表 6.4　定位補償 MATLAB 函式

monteCarloLocalization	Localize robot using range sensor data and map
likelihoodFieldSensorModel	Create a likelihood field range sensor model
odometryMotionModel	Create an odometry motion model

AMCL 演算法是使用**粒子濾波**的方式來推估出當前位置，粒子表示自走車於場域中可能的分佈狀態，每個粒子代表自走車的一個可能的位置及姿態。

圖 6.48 所示 **monteCarloLocalization** 函式的範例程式，由於採用粒子散佈方式推估自走車可能的位置姿態，設定較高的粒子數量會增加估測自走車位置的正確性但是需要較多的運算資源，較低的粒子數量設定有較快的計算效率估測的正確性可能會較不足。程式運算時所需要的散佈粒子數量，可透過參數設定給予最大值與最小值，並會在設定的上下限範圍內動態調整，可以有效率地進行定位估測的運算。

可以知道粒子數量設定值當然是越大越好，運算推估出定位結果正確性會越高，所佔用的運算資源也相對較多，所以設定值需要考量電腦的運算能力後再作設定，實驗中採取 [500, 3500] 設定值，可以依電腦的運算能力再做調整。

```
% 定義 AMCL 函式資料
amcl = monteCarloLocalization;
amcl.UseLidarScan = true;
% 定義里程計模型及感測器模型
amcl.MotionModel = MotionModel;
amcl.SensorModel = SensorModel;

% 定義超過多少位移量再進行 AMCL 運算
amcl.UpdateThresholds = UpdateThresholds;
amcl.ResamplingInterval = 1;

% 定義定位粒子的最大值與最小值
amcl.ParticleLimits = [lowlimit highlimit];
% 不進行全域定位
amcl.GlobalLocalization = false;
% 定義自走車的起始位置
amcl.InitialPose = InitialPose;
amcl.InitialCovariance = InitialCovariance;
```

▲ 圖 6.48　monteCarloLocalization 函式的範例程式

實驗中不考慮採用全域方式進行定位的推估運算，工作站一為運動的起始點，所以採用帶入自走車的起始位置（InitialPose）的方式，再開始進行定位運算，演算法可依權重關係分配散佈的粒子進行計算，可以減少估測出當前定位所花費的時間，並減少運算資源。實驗的起始位置為工作站一並不是地圖的原點，所以帶入前面章節計算出的自走車位置校正值（offset）（可參考圖 6.25），由於實驗中會先旋轉自走車進行移動前的準備（可參考圖 6.27），方向姿態需要帶入的值為自走車旋轉後準備開始移動的姿態方向。InitialCovariance 採用的是行與列各為 3 的對角矩陣，並設定為固定值 0.35。

除了以上的參數設定外，monteCarloLocalization 函式還需要帶入里程計模型及感測器模型以進行定位估測的運算，圖 6.49 顯示程式碼範例，採用 **odometryMotionModel** 作為里程計模型，需要帶入的是定義為四個元素向量的高斯雜訊設定值，代表旋轉運動的旋轉及偏移誤差、直線運動的旋轉及偏移誤差；另外還需要代表 LiDAR 感測器的感測器模型 **likelihoodFieldSensorModel**，需要的設定值可以參考規格資料，還需要場域環境地圖，作為估測定位用的參考地圖。

```
% 定義里程計模型與參數
odometryModel = odometryMotionModel;
odometryModel.Noise = Noise;


% 定義感測器模型與參數
rangeFinderModel = likelihoodFieldSensorModel;
rangeFinderModel.SensorLimits =[lowlimit highlimit];
rangeFinderModel.MaxLikelihoodDistance = MaxDistance;
rangeFinderModel.Map = Map;
rangeFinderModel.SensorPose = SensorPose;
rangeFinderModel.NumBeams = NumBeams;
```

▲ 圖 6.49　里程計模型及感測器模型範例程式

需要注意的地方是，這種依據 LiDAR 感測器探測周圍環境的資訊，再以演算法估測計算出自走車當前位置姿態的自主式定位方式，估測準確度會受到實驗場域的特徵點所影響，如果場域的特徵明顯，則估算出的位置及姿態的準確度就會相對高。

換句話說，如果 LiDAR 感測器探測實驗場域裡的大面積牆壁的輪廓都不太相同，就是所謂的特徵明顯，那就會較容易被正確辨識探測到是哪一個地方，所以經由演算法估測出位置及姿態的正確性就會比較高，花費的時間也會相對減少。

6.4.3 實驗結果討論

AMCL 演算法採用 LiDAR 感測器探測周圍環境，依據探測時的環境資訊來估測自走車當前的位置及方向姿態，實驗中所採用的方式為當自走車於實驗場域中依循規劃的路徑行駛移動，同時使用 LiDAR 感測器探測周圍獲取環境資訊，依據這些資訊進行當前位置的估測運算，隨著多次疊代運算逐步更新估測的結果狀態，最後能夠以較高的機率推算出無人自走車此時的位置姿態，這就是不用依靠定位輔助設備的自主定位方式。

AMCL 演算法函式在未知自走車的位置的狀況下，可以用全域定位的方式，然後逐步估測出自走車當前位置。實驗進行時，自走車可以擺放在起始點工作站一的大概位置，並且朝向角度為 0 度的方向，所以需要給定起始點的位置及姿態作為 InitialPose，如此可以減少估測定位的計算次數及所花費的時間。

依據所規劃的路徑行進，由工作站一作為起始點開始行駛，圖 6.50 為自主定位開始運算時粒子分佈狀況，可以看到計算定位的粒子以平均方式被分散於所給定的起始點周圍，而不是分佈於場域地圖全域。圖 6.51、圖 6.52 顯示隨著運算次數的增加，所使用的定位粒子漸漸被集中散佈於所推估的自走車位置周圍，

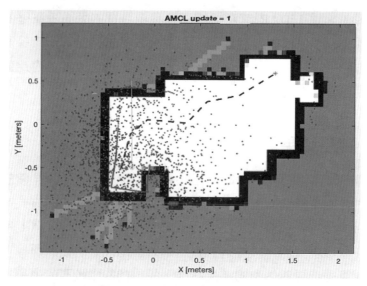

▲ 圖 6.50　自主定位粒子分佈（N=1）

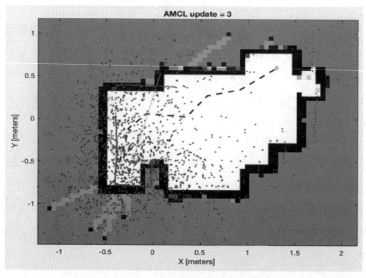

▲ 圖 6.51　自主定位粒子分佈（N=3）

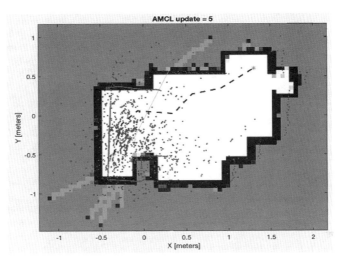

▲ 圖 6.52　自主定位粒子分佈（N=5）

圖 6.53、圖 6.54、圖 6.55 顯示隨著疊代運算的次數越來越多，所使用的定位粒子數量逐漸地減少，估測的結果越來越正確。如此估測出正確性較高的自走車位置姿態，自走車就可以依靠這樣的定位方式，自主地行駛到達真正的目標點，減少對於輔助定位設施的需求。

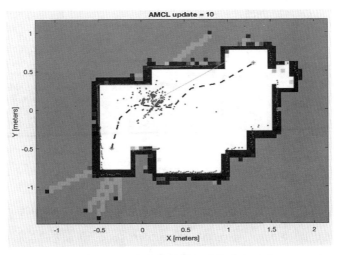

▲ 圖 6.53　自主定位粒子分佈（N=10）

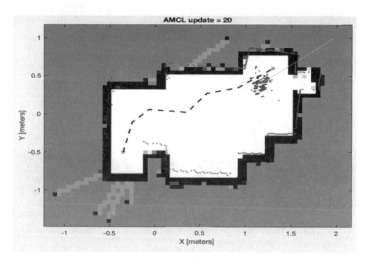

▲ 圖 6.54　自主定位粒子分佈（N=20）

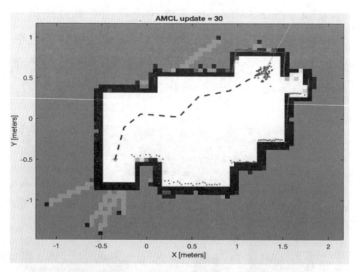

▲ 圖 6.55　自主定位粒子分佈（N=30）

接下來在實驗場域中加上未預期的障礙物，這是環境地圖建立時所沒有的，圖 6.56、圖 6.57、圖 6.58、圖 6.59、圖 6.60 顯示實驗測試在這種有障礙物的狀況下，自主定位的正確程度與花費時間差異，觀察計算定位的粒子的分佈狀況。自主定位運算開始後，隨著運算次數的增加，定位粒子由平均分佈漸漸集中分佈於權重值較高的區域；接著隨著估測的機率提升及區域範圍縮小，被用來定位的粒子數量也如預期地逐漸地減少，如此可以正確估測出自走車的位置姿態最接近真實的狀況。

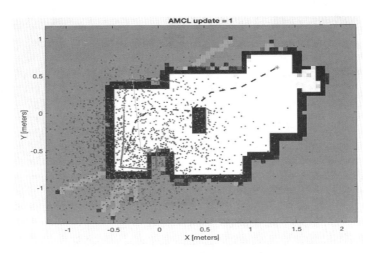

▲ 圖 6.56　自主定位粒子分佈 - 有障礙物（N=1）

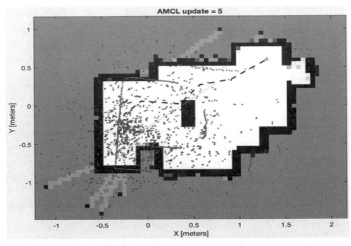

▲ 圖 6.57　自主定位粒子分佈 - 有障礙物（N=5）

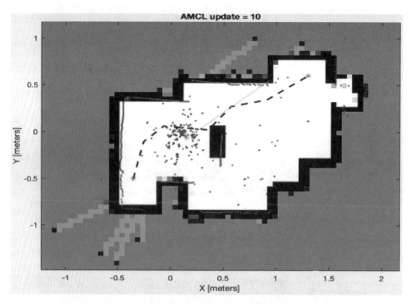

▲ 圖 6.58　自主定位粒子分佈 - 有障礙物（N=10）

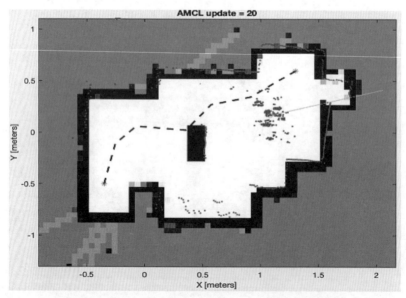

▲ 圖 6.59　自主定位粒子分佈 - 有障礙物（N=20）

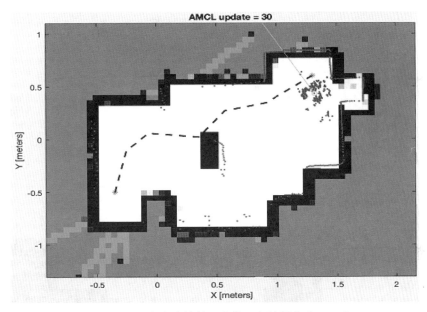

▲ 圖 6.60　自主定位粒子分佈 - 有障礙物（N=30）

實驗結果顯示實驗場域內有偶發的障礙物存在，對於定位推估運算的影響似乎很輕微，依然可以使用此自主定位的方式，閃避非預期的障礙物並且能夠依循規劃好的行駛路徑，最後行駛到達真正的目標點。本章節的實驗是希望可以建立無人自走車自主導航定位的控制系統，驅動自走車採用自主導航定位方式行駛，在獲得實驗場域地圖及行駛的起始點與目標點後，就可以不需要額外的驅動、控制與導航。圖 6.61 為以SLAM 方法建構的實驗場域環境地圖，加上膨脹處理後所截取出的行駛區域，給定起始點及目標點後，自主規劃出的無碰撞導航路徑。

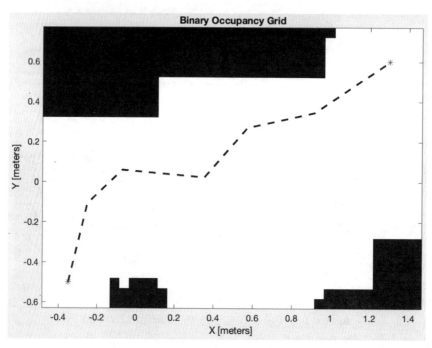

▲ 圖 6.61　實驗場域環境地圖與導航路徑

預期的運作流程為進行全域的行駛路徑規劃，接著從起始點開始以規劃好的路徑方式行駛，當有障礙物出現時就開始進行閃避障礙物的反應動作，行駛時採用自主的定位補償方式減少運動時的位置偏差，最後到達預期的目標點。

圖 6.62 顯示在無障礙物的環境中，自主導航定位依循著里程計回饋的位置，即使兩者間有著些微的差距，自主定位補償了這個差距，在到達目標點時與實際上位置的偏差減少很多，實測 X 軸及 Y 軸偏差各在 5 公分內，行駛時間大概在 30 秒，詳細資料如表 6.5 顯示。

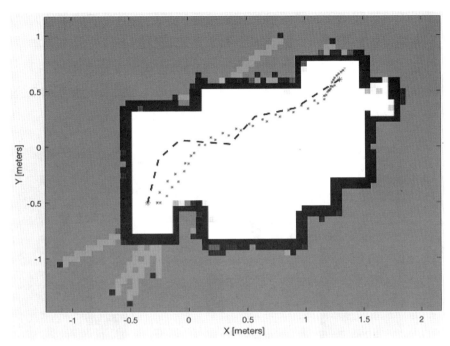

▲ 圖 6.62　自主導航定位

（-- 為導航路徑，紅色 * 為自主定位，藍色 * 為里程計位置）

表 6.5　自主導航定位誤差

X 軸偏差（公分）	Y 軸偏差（公分）	時間（秒）
-3	-3	26
-1	2	29
-2	-1	26

如圖 6.63 所示，規劃路徑中若有未預期的障礙物存在，在依循導航路徑行駛同時並使用 LiDAR 感測器探測周圍環境，如果有發現障礙物即會採取避障動作，避免碰撞的狀況。同樣地，因為採用自主定位方法補償了里程計的偏差，即使有未預期的障礙物出現在環境中，造成與參考

的場域環境地圖不同，最後仍然可以依靠所採用的自主導航定位方法行駛到達最後的目標點。比較前面章節採用里程計的定位方式，與本章節的自主式定位方式的行駛運動結果，在相同室內場域及地面條件下，X軸橫向座標方面大約有 10 公分，Y 軸縱向座標方面大約也是有 10 公分的誤差值存在（圖 6.63 紅色 * 與藍色 * 位置差距）。

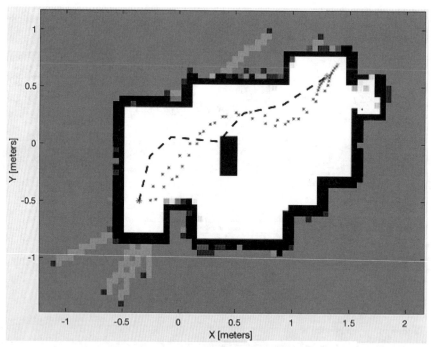

▲ 圖 6.63　有障礙物的自主導航定位
（-- 為導航路徑，紅色 * 為自主定位，藍色 * 為里程計位置）

本實驗路徑總長為 2.2201 公尺，自主導航定位誤差定義為自走車行駛到達目標點時，與實際上的目標點位置的差異，在實驗場域的相同地面條件下，多次實驗後量測其 X 軸及 Y 軸各在 5 公分內，行駛時間大概在 40 秒內，詳細資料如表 6.6 所顯示。

表 6.6　自主導航定位誤差（有障礙物）

X 軸偏差（公分）	Y 軸偏差（公分）	時間（秒）
-4	1	35
2	2	37
-4	4	36

6.4.4 程式碼

圖 6.64 顯示自主定位導航程式碼。

```
1    %% 定義全域共用變數
2    global org;
3    global mapInflated;
4    global odomSub;
5    global scanSub;
6    global velPub;
7    global velData;
8    global distObstacle;
9    global min_idx;
10   global max_idx;
11   global vMax;
12   global wMax;
13   global vMin;
14   global wMin;
15   global rate;
16   global goalRadius;
17   global offset;
18
19   % 設定共用變數
20   vMax = 0.15;
21   wMax = 1.00;
22   vMin = 0.03;
23   wMin = 0.03;
```

```
24   typical_range = 3.5;
25   max_range = 3.0;
26   goalRadius = 0.05;
27   robotRadius = 0.15;
28   distObstacle = 0.5;
29   turnRadius = 0.5;
30   resolution = 1;
31   front_idx = 1;
32   min_idx = 60;
33   max_idx = 300;
34
35
36   %% 連結 MATLAB 與自走車
37   setenv("ROS_DOMAIN_ID", "30");
38   mtnode = ros2node("/matlab_test_node");
39   pause(10);
40
41   % 載入場域的佔據柵格地圖
42   load samplemap.mat
43
44   %% 建立訂閱與發佈別名
45   odomSub = ros2subscriber(mtnode, "/odom",...
46                       "Reliability", "reliable",...
47                       "Durability", "volatile",...
48                       "History", "keeplast",...
49                       "Depth", 1);
50   pause(1);
51   scanSub = ros2subscriber(mtnode, "/scan",...
52                       "Reliability", "besteffort",...
53                       "Durability", "volatile",...
54                       "History", "keeplast",...
55                       "Depth", 1);
56   pause(1);
57
```

```
58  velPub = ros2publisher(mtnode, "/cmd_vel",...
59                      "Reliability", "reliable",...
60                      "Durability", "transientlocal",...
61                      "History", "keeplast",...
62                      "Depth", 1);
63  velData = ros2message("geometry_msgs/Twist");
64  pause(1)
65
66  ros2('topic', 'list')
67
68  % 讀取里程計及LiDAR 感測器資料
69  receive(odomSub, 5);
70  receive(scanSub, 5);
71  odomData = odomSub.LatestMessage;
72  scanData = scanSub.LatestMessage;
73  pause(0.5);
74  rate = rateControl(10);
75  % 計算自走車當前位置及姿態
76  pose = getRobotPose(odomSub)
77
78
79  %% 定義每一個工作站的座標位置
80  sGoal=[
81          -0.35, -0.50, -pi/2;      % 工作站一
82           1.00, -0.35,     0;      % 工作站二
83           1.30,  0.60,   pi/2      % 工作站三
84        ];
85
86  % 定義起始點與目標點
87  start = sGoal(1, :);
88  goal = sGoal(3, :);
89
90  % 計算起始點的校正值
91  offset =  start;
```

```
92   offset(3) = 0;
93
94   % 畫出環境地圖並包含起始點與目標點
95   figure(1);
96   show(org);
97   hold on;
98   plot(start(1), start(2), 'b*', 'MarkerSize', 3);
99   plot(goal(1), goal(2), 'r*', 'MarkerSize', 3);
100  hold off;
101
102  % 進行膨脹處理並畫出環境地圖
103  mapInflated = copy(org);
104  inflate(mapInflated, 0.05);
105  figure(2);
106  show(mapInflated);
107  goalDist = norm(goal(1:2)-start(1:2));
108
109  % 由路徑規劃計算出的航點資訊
110  path = [-0.3500    -0.5000;
111               -0.2532    -0.1084;
112               -0.0700     0.0600;
113                0.3530     0.0234;
114                0.5705     0.2711;
115                0.9136     0.3457;
116                1.3000     0.6000];
117
118  % 計算行駛路徑長度
119  pathLong = 0;
120  for i = 1:(length(path)-1)
121    pathLong = pathLong + norm(path(i,:) - path(i+1,:));
122  end
123
124
125  %% 旋轉自走車到預期的行駛方向
```

```
126  pose = getRobotPose(odomSub) + offset;
127  slope = atan2((path(2,2) - pose(2)),...
128                         (path(2,1) - pose(1)));
129  alpha = slope - pose(3);
130
131  while (abs(alpha) >= 0.1)
132    % 計算角速度
133    w = (wMax * sin(alpha));
134
135    if (abs(alpha) > 0.5*pi && abs(alpha) < 1.2*pi)
136      w = sign(w)*wMax;
137    end
138
139    if abs(w) > wMax
140      w = sign(w)*wMax;
141    end
142
143    if abs(w) < wMin
144      w = sign(w)*wMin;
145    end
146
147    % 驅動自走車旋轉
148    velData.linear.x = 0;
149    velData.angular.z = w;
150    send(velPub, velData);
151    send(velPub, velData);
152    waitfor(rate);
153
154    % 計算自走車當前位置及姿態
155    pose = getRobotPose(odomSub) + offset;
156    slope = atan2((path(2,2) - pose(2)),...
157                           (path(2,1) - pose(1)));
158    % 計算角度差
159    alpha = slope - pose(3);
```

```
160
161    if (abs(alpha - 2*pi) <= 0.05)
162       velData.linear.x = 0;
163       velData.angular.z = 0;
164       send(velPub, velData);
165       break;
166    end
167 end
168
169 % 設定速度參數為 0
170 velData.linear.x = 0;
171 velData.angular.z = 0;
172 send(velPub, velData);
173
174
175 %% 定義 Pure Pursuit 函式資料
176 controller = controllerPurePursuit;
177 controller.Waypoints = path;
178 controller.DesiredLinearVelocity = vMax;
179 controller.MaxAngularVelocity = wMax;
180 controller.LookaheadDistance = 0.50;
181
182 % 定義 VFH 函式資料
183 VFH = controllerVFH;
184 VFH.UseLidarScan = true;
185 VFH.DistanceLimits = [0.15 distObstacle];
186 VFH.RobotRadius = robotRadius;
187 VFH.SafetyDistance = robotRadius * 1.5;
188 VFH.MinTurningRadius = turnRadius;
189 VFH.HistogramThresholds= [2 5];
190 VFH.CurrentDirectionWeight = 3;
191
192 % 畫出環境地圖並包含起始點、目標點與規劃的行駛路
193 pose = getRobotPose(odomSub) + offset;
```

```
194  figure(3);
195  show(org);
196  hold on;
197  plot(path(:,1), path(:,2),'k--', 'LineWidth', 2);
198  plot(start(1), start(2), 'b*', 'MarkerSize', 5);
199  plot(goal(1), goal(2), 'r*', 'MarkerSize', 5);
200  hold off;
201
202
203  % 定義里程計模型與參數
204  odometryModel = odometryMotionModel;
205  odometryModel.Noise = [0.2 0.2 0.2 0.2];
206
207  % 定義感測器模型與參數
208  rangeFinderModel = likelihoodFieldSensorModel;
209  rangeFinderModel.SensorLimits = [0.15 typical_range];
210  rangeFinderModel.MaxLikelihoodDistance = max_range;
211  rangeFinderModel.Map = org;
212  rangeFinderModel.SensorPose = [0 0 0];
213  rangeFinderModel.NumBeams = 360;
214
215  % 定義 AMCL 函式資料
216  amcl = monteCarloLocalization;
217  amcl.UseLidarScan = true;
218  % 定義里程計模型及感測器模型
219  amcl.MotionModel = odometryModel;
220  amcl.SensorModel = rangeFinderModel;
221  % 定義超過多少位移量再進行 AMCL 運算
222  amcl.UpdateThresholds = [0.05, 0.05, 0.05];
223  amcl.ResamplingInterval = 1;
224
225  % 定義定位粒子的最大值與最小值
226  amcl.ParticleLimits = [500 3500];
227  % 不進行全域定位
```

```
228  amcl.GlobalLocalization = false;
229  pose = getRobotPose(odomSub) + offset;
230  % 定義自走車的起始位置
231  amcl.InitialPose = offset + [0 0 pose(3)];
232  amcl.InitialCovariance = eye(3) * 0.35;
233
234
235  %% 驅動自走車前往目標點
236  check = 0;
237  reset(rate);
238  receive(odomSub, 5);
239  receive(scanSub, 5);
240  goalDist = 50 * goalRadius;
241  % 判斷是否到達目標點
242  while(goalDist >= goalRadius)
243      % 讀取 LiDAR 感測器資料
244      scanData = receive(scanSub, 5);
245      pause(0.2);
246      scans = lidarScan(double(scanData.ranges), ...
247          linspace(scanData.angle_min, scanData.angle_max, 360));
248      transScan = scans;
249
250      % 進行 AMCL 自主定位運算
251      [isUpdated, estimatedPose, estimatedCovariance] = amcl(pose, transScan);
252      disp('delta = pose - estimatedPose');
253      delta = pose - estimatedPose
254
255      if (norm(estimatedPose(1:2) - path(end,:)) <= goalRadius/2)
256          disp('(norm(estimatedPose(1:2) - path(end,:)) <= goalRadius/2)');
257          break;
258      end
259
260      pose = estimatedPose;
261      % 進行 Pure Pursuit 運算
```

```
262    [v, w, aheadPt] = controller(pose);
263
264    % 判斷行進方向是否有障礙物存在
265    if (detObstacle() > 0) && (goalDist > 0.5)
266      disp('detObstacle()');
267
268      targetDir = atan2(aheadPt(2)-pose(2),...
269                             aheadPt(1)-pose(1)) - pose(3);
270      ranges = [transScan.Ranges(max_idx:360);...
271                             transScan.Ranges(1:min_idx)];
272      angles = [transScan.Angles(max_idx:360);...
273                             transScan.Angles(1:min_idx)];
274      scans = lidarScan(ranges,angles);
275
276      % 進行 VHF 避障運算
277      steerDir = VFH(scans, double(targetDir));
278      check = 1;
279    end
280
281    % 運算角速度修正值
282    if check == 1 && ~isnan(steerDir)
283      check = 0;
284      w = 0.5 * steerDir;
285      if abs(w) > wMax
286          w = sign(w)*wMax;
287      end
288      if abs(w) < wMin
289          w = sign(w)*wMin;
290      end
291    end
292
293    % 驅動自走車行進
294    velData.linear.x = double(v);
295    velData.angular.z = double(w);
```

```
296        send(velPub, velData);
297        waitfor(rate);
298
299        % 計算自走車當前位置及姿態
300        pose = getRobotPose(odomSub) + offset;
301        hold on
302        % 於地圖中標注自走車當前位置與自主定位的結果
303        plot(pose(1), pose(2), 'b*','MarkerSize',2);
304        plot(estimatedPose(1), estimatedPose(2), 'r*','MarkerSize',2);
305        hold off
306
307        % 計算自走車與目標點的距離
308        goalDist = norm(estimatedPose(1:2) - path(end,:));
309         % 接近目標點時進行減速的動作
310        if (goalDist <= 0.5)
311            release(controller);
312
313            % 計算新的線速度值與角速度值
314            controller.DesiredLinearVelocity = vMax/3;
315            controller.MaxAngularVelocity = wMax/3;
316
317            % 設定新的前視距離
318            controller.LookaheadDistance = 0.2;
319        end
320    end
321
322        % 自走車運動停止
323        velData.linear.x = 0;
324        velData.angular.z = 0;
325        send(velPub, velData);
326
327        estimatedPose
328        % 計算自走車當前位置及姿態
329        pose = getRobotPose(odomSub) + offset;
```

```
330
331     % 到達目標點時進行方向調整
332     pt2Goal(goal);
333     disp('Reach Goal!')
334
335     % 到達目標點並停止
336     velData.linear.x = 0;
337     velData.angular.z = 0;
338     send(velPub, velData);
339     send(velPub, velData);
340
341     release(VFH);
342     release(controller);
343     release(amcl);
344
345
346 %% 旋轉自走車朝向目標點方向
347 function pt2Goal(goal)
348     global odomSub;
349     global velPub;
350     global velData;
351     global goalRadius;
352
353     global wMax;
354     global wMin;
355     global offset;
356
357     rate = rateControl(5);
358     % 到達目標點座標時的姿態方向
359     orientation = goal(3);
360
361     % 計算自走車當前位置及姿態
362     pose = getRobotPose(odomSub);
363     pose = pose + offset;
```

```
364
365     % 計算角度差
366     if orientation == pi
367        alpha = orientation - sign(pose(3))*pose(3);
368        alpha = sign(pose(3))*alpha;
369     else
370        alpha = orientation - pose(3);
371     end
372
373     while (abs(alpha) >= goalRadius/2)
374        % 計算角速度
375        w = wMax * sin(alpha);
376
377        if (abs(alpha) > 0.5*pi && abs(alpha) < 1.2*pi)
378           w = sign(w)*wMax;
379        end
380
381        if abs(w) > wMax
382           w = sign(w)*wMax;
383        end
384
385        if abs(w) < wMin
386           w = sign(w)*wMin;
387        end
388
389        % 驅動自走車旋轉
390        velData.linear.x = 0;
391        velData.angular.z = w;
392        send(velPub, velData);
393        waitfor(rate);
394
395        % 計算自走車當前位置及姿態
396        pose = getRobotPose(odomSub);
397        pose = pose + offset;
```

```
398
399        % 計算角度差
400        if orientation == pi
401          alpha = orientation - sign(pose(3))*pose(3);
402          alpha = sign(pose(3))*alpha;
403        else
404          alpha = orientation - pose(3);
405          if abs(alpha) >= pi
406            alpha = sign(pose(3))*(2*pi - abs(alpha));
407          end
408        end
409      end
410
411      hold on
412      plot(pose(1), pose(2), 'g*', 'MarkerSize', 2);
413      hold off
414    end
415
416    %% 判斷是否有障礙物存在
417    function Exist = detObstacle()
418      global scanSub;
419      global distObstacle;
420      global min_idx;
421      global max_idx;
422
423      Exist = 1;
424
425      % 讀取 LiDAR 感測器資料
426      scanData = scanSub.LatestMessage;
427      pause(0.2);
428      scan = [scanData.ranges(max_idx:360),...
429                          scanData.ranges(1:min_idx)];
430      mindist = min(scan(~isnan(scan)));
431
```

```
432        % 障礙物是否相當靠近
433    if (mindist >= distObstacle)
434        Exist = 0;
435    end
436 end
437
438 %% 計算自走車當前位置及姿態
439 function pose = getRobotPose(odomSub)
440        % 讀取里程計感測器資料
441    odomData = odomSub.LatestMessage;
442    pause(0.2);
443
444        % 讀取自走車位置資料
445    position = odomData.pose.pose.position;
446        % 讀取自走車姿態資料
447    orientation = odomData.pose.pose.orientation;
448    odomQuat = [orientation.w, orientation.x, ...
449                    orientation.y, orientation.z];
450    odomRotation = quat2eul(odomQuat);
451
452        %% 自走車當前位置及姿態
453    pose = [position.x, position.y odomRotation(1)];
454 end
455
```

▲ 圖 6.64　自主導航定位程式碼

6.4.5 小結

■ 實驗採用適應蒙特卡羅定位法（AMCL），透過 LiDAR 感測器探測周圍環境，依據測時的環境資訊來估測自走車的位置及方向姿態，補償自走車移動時因摩擦及打滑現象所造成的誤差，作為里程計定位的補償方法。

- AMCL 演算法採用 LiDAR 感測器獲得環境資料，與已經建立的環境地圖做比對，透過機率的方式估測自走車最有可能的位置及方向姿態，不會是 100% 的正確。

- 採用自主式定位方式，可以移除定位輔助設施的需求，估測準確度會受場域的特徵點所影響，如果場域的特徵明顯，那估算出的位置及姿態的正確性就會比較高。

- 演算法是使用粒子濾波的方式來推估出當前位置，每個粒子代表自走車的一個可能的位置及姿態。較高的粒子數量會增加估測結果的正確性但是需要較多的運算資源，較低的粒子數量有較好的計算效率，但估測的正確性可能會較不足。

- 實驗時不採用全域方式進行定位的推估，採用帶入起始位置（InitialPose）的方式，所以需要提供工作站一的位置與自走車姿態方向資料。

6.4.6 練習

1. 紀錄當自走車移動到達目標點時，里程計的定位及自主式定位與目標點的距離。

2. 嘗試修改參數設定值 InitialPose = offset，再次進行實驗，觀察自走車是否可以採用自主定位正確到達目標點。

3. 如果電腦性能足夠，嘗試修改參數設定值 ParticleLimits = [1000 5000]，再次進行實驗，觀察自主定位正確性是否有變好。

6.5 佔據柵格地圖構建（Occupancy grid map）

實行自主導航定位首先需要先具備運行場域的環境地圖，用來規劃可通行並無障礙的理想路徑，並在能夠於行駛時同時實行自主定位，達到在無碰撞發生的狀況下運送物品，所以場域地圖的構建狀況，會直接影響自走車的自主導航定位能力。本書採用同步定位與地圖建構（SLAM）演算法建立場域地圖，建立最接近真實場域環境的環境地圖用來實行自主定位。

6.5.1 流程方塊圖

透過場域的環境地圖，自主導航系統可以理解運行場域的環境狀況，接著自主地規劃可通行的路徑及進行自主導航定位等。建立運行場域環境地圖，採用同步定位與地圖建構（SLAM）演算法，圖 6.65 顯示建構場域地圖流程圖，目標是運算建構出佔據柵格格式的環境地圖，作為自走車的自主導航定位的參考地圖。

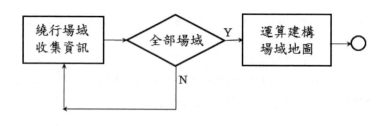

▲ 圖 6.65　建構場域地圖流程圖

6.5.2 程式說明

表 6.7 顯 示 為 運 用 到 的 MATLAB 函 式，同 步 定 位 與 地 圖 建 構（SLAM）演算法，採用 **lidarSLAM** 函式，帶入自走車繞行場域時以 LiDAR 感測器探測周圍環境所獲取的環境資訊，再經由 **scansAndPoses** 函式與 **buildMap** 函式運算建構轉換成場域的佔據柵格地圖，作為自主導航定位的參考地圖。

表 6.7　建構導航地圖 MATLAB 函式

lidarSLAM	Perform localization and mapping using lidar scans
addScan	Add scan to lidar SLAM map
buildMap	Build occupancy map from lidar scans
scansAndPoses	Extract scans and corresponding poses

採用的方式為引導自走車繞行場域，圖 6.66 顯示程式碼以 LiDAR 感測器探測並收集期間的周圍環境資料。除了需要即時正確的獲取這期間 LiDAR 感測器的探測資料，還必須要依照順序紀錄並儲存，這是需要注意的地方。

```
% 讀取 LiDAR 感測器資料
scanMsg = scanSub.LatestMessage;
pause(0.1);
scan = lidarScan(double(scanData.ranges), ...
        linspace(scanData.angle_min, scanData.angle_max, 360));
gScans{idx} = scan;
idx = idx +1;
```

▲ 圖 6.66　紀錄 LiDAR 感測器探測

圖 6.67 顯示為 LiDAR SLAM 的程式碼範例，首先要定義 lidarSLAM
函式所需要的資料，Resolution 為定義所建立地圖的解析度，實驗中採
用設定值為 20 就是表示 1 公尺裡有 20 個均分點，換算下來即是地圖的
解析度為 5 公分，Range 設定為 LiDAR 感測器的最大感測距離即為 3.5
公尺，參數當中 **LoopClosureThreshold** 及 **LoopClosureSearchRadius**
設定是很重要的，將會影響到環境地圖運算的結果與運算時間，設
定門檻值及比對範圍用來進行感測器探測資料的匹配運算，設定值
需要依據 LiDAR 感測器規格和環境狀況而進行調整，實驗中採用
LoopClosureThreshold = 200 與 LoopClosureSearchRadius = 3。接著再
將先前所儲存的 LiDAR 感測器的探測資料依序帶入 ，進行感測器資料
的比對運算，最後建構出場域的佔據柵格地圖。

```
%% 定義 lidarSLAM 函式資料
slamAlg=lidarSLAM(Resolution, Range);
slamAlg.LoopClosureThreshold = LoopClosureThreshold;
slamAlg.LoopClosureSearchRadius= …
                                        LoopClosureSearchRadius;
slamAlg.MovementThreshold = [0 0];

%% 依序帶入感測器資料進行環境地圖運算
for i = 1:(idx-1)
     scan = gScans{i};
     addScan (slamAlg, scan);
  end

%% 建構環境地圖
[Scans, Poses] = scansAndPoses (slamAlg);
  map = buildMap (Scans, Poses, Resolution, Range);
```

▲ 圖 6.67　LiDAR SLAM 範例程式

此外，建構場域地圖需要注意的事項：

- 建構場域地圖時場域內盡量減少人為活動。
- 場域中不要有會透光，吸光等的物質（如：鏡子、玻璃等）。
- 儘可能讓 LiDAR 感測器探測到障礙物，如此可獲得較多的環境探測資訊，增加參考特徵點。
- 增加環線閉合（Loop closure）的機會，就是增加經過之前有到過的位置，可有相同的環境資料做比對運算，可以增加地圖的準確度。
- 儘量行駛探索整個場域，可以確保建構完整的場域地圖。

6.5.3 實驗結果討論

採用的方式為驅動自走車繞行預定的運行實驗場域，以 LiDAR 感測器探測周圍環境並獲得環境資訊，再運用這些環境資訊進行同步定位與地圖建構的運算，建立實驗場域的佔據柵格地圖，作為導航的參考地圖使用。

驅動自走車繞行場域時，需要至少有一次**環線閉合（Loop closure）**發生，如果場域範圍較大必須要盡量增加環線閉合次數，如此會對建立的環境地圖的準確度增加有幫助。圖 6.68 為繞行實驗場域進行場域參考地圖建構的狀況，中間曲線為自走車繞行場域的路徑，外圍較粗的線段為由環境資訊建立的場域範圍。驅動自走車繞行場域可以採用 8 字形地方式，如此平順的行走路線能夠預期自走車的行駛狀況，並容易產生環線閉合（Loop closure）的機會。

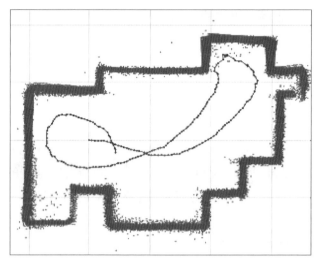

▲ 圖 6.68　SLAM 方法建構的實驗場域環境地圖

以自走車繞行實驗場域獲得的周圍環境探測資訊，接著進行地圖建構運算並產出運行場域的佔據柵格格式的地圖，如圖 6.69 顯示可作為自主導航使用的場域環境參考地圖。

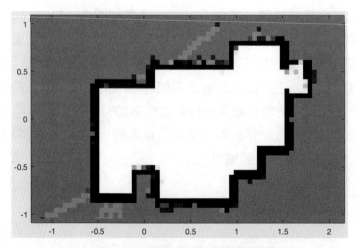

▲ 圖 6.69　實驗場域的佔據柵格地圖

在進行場域地圖建構運算時，參數設定會影響到運算的結果，其中 LoopClosureThreshold 參數設定值越大，有助於排除運算時環線閉合檢查的錯誤識別狀況，運算結果大於這個門檻值才會被判斷為有效的資料，加入環境地圖建構的資料之一。在場域環境比較複雜的場所因為容易產生錯誤匹配狀況，建議採用較大的參數設定值，但是過大的設定值可能會有相反的匹配結果，因為會有比較多的資料被過高的門檻值所排除，能通過比對的數據較少而留下離散的環境資料，可能會有建構不出正確的場域環境地圖的狀況發生。

圖 6.70、圖 6.71、圖 6.72、圖 6.73 為不同參數設定下所建構的場域地圖（Threshold/SearchRadius = 50/3.0、100/3.0、200/3.0、400/3.0）。實驗結果，以 LiDAR 感測器探測實驗場域環境所獲得的資訊進行地圖建構運算，參數設定為 Threshold/SearchRadius = 50/3.0、100/3.0、200/3.0 時都可以正確地建構出運行場域的佔據柵格格式的地圖，較大的參數設定 LoopClosureThreshold = 400/3.0，門檻值設定關係成功通過環線閉合檢查的資料不足，無法計算出有效的場域地圖。

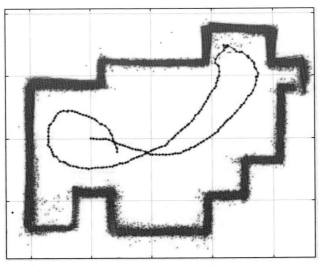

▲ 圖 6.70　Threshold/SearchRadius = 50/3.0 建構的場域地圖

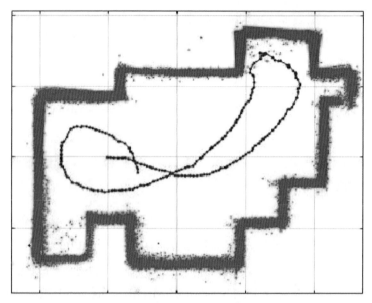

▲ 圖 6.71　Threshold/SearchRadius = 100/3.0 建構的場域地圖

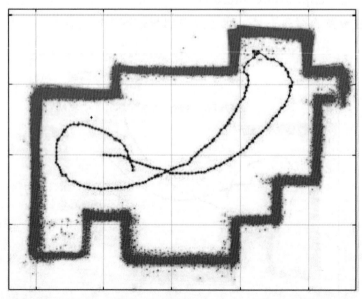

▲ 圖 6.72　Threshold/SearchRadius = 200/3.0 建構的場域地圖

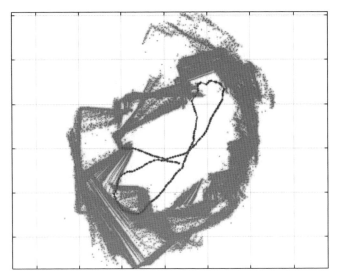

▲ 圖 6.73　Threshold/SearchRadius = 400/3.0 建構的場域地圖

表 6.8 顯示建構環境地圖所採用的 lidarSLAM 函式的設定參數中，LoopClosureThreshold 參數除了會影響環境地圖的建構結果，另外還會影響建構運算所花費的時間，與 LoopClosureSearchRadius 參數結合，如果有適合的參數設定，就可以用較少的運算時間及運算資源，建構出有效的場域地圖。

表 6.8　不同參數設定的運算時間比較（秒）

		Threshold			
		50	100	200	400
SearchRadius	0.15	188.25	188.00	189.35	128.10
	1.50	188.75	187.86	186.75	128.60
	3.00	192.75	185.25	183.70	125.90
	6.00	190.40	186.75	200.25	126.00

由以上的實驗結果得知，參數設定需要參考不少實作經驗，並多次測試才能得到較合適實驗場域的參數設定組合。在本書所建構的實驗場域，採用 LoopClosureThreshold = 200，LoopClosureSearchRadius = 3.0 參數，是比較有運算效率的設定。

6.5.4 程式碼

圖 6.74 建立場域環境地圖程式碼。

```
1     % 設定共用變數
2     vMax = 0.05;
3     wMax = 0.50;
4     typical_range = 3.5;
5     max_range = 3.0;          % meters
6     mapResolution = 20;
7
8     %% 連結 MATLAB 與自走車
9     setenv("ROS_DOMAIN_ID", "30");
10    mtnode = ros2node("/matlab_test_node");
11    pause(10);
12
13
14    %% 建立訂閱與發佈別名
15    odomSub = ros2subscriber(mtnode, "/odom",...
16                      "Reliability", "reliable",...
17                      "Durability", "volatile",...
18                      "History", "keeplast",...
19                      "Depth", 1);
20    pause(1);
21    scanSub = ros2subscriber(mtnode, "/scan",...
22                      "Reliability", "besteffort",...
23                      "Durability", "volatile",...
24                      "History", "keeplast",...
25                      "Depth", 1);
```

```
26    pause(1);
27
28    velPub = ros2publisher(mtnode, "/cmd_vel",...
29                        "Reliability", "reliable",...
30                        "Durability", "transientlocal",...
31                        "History", "keeplast",...
32                        "Depth", 1);
33    velData = ros2message("geometry_msgs/Twist");
34    pause(1)
35
36    ros2('topic', 'list')
37
38    % 讀取里程計及LiDAR 感測器資料
39    receive(odomSub, 5);
40    receive(scanSub, 5);
41    odomData = odomSub.LatestMessage;
42    scanData = scanSub.LatestMessage;
43    rate = rateControl(2);
44
45
46    %% 定義 lidarSLAM 函式資料
47    slamAlg=lidarSLAM(mapResolution, typical_range);
48    slamAlg.LoopClosureThreshold = 200;
49    slamAlg.LoopClosureSearchRadius= max_range;
50    slamAlg.MovementThreshold = [0 0];
51
52
53    %% 遙控自走車移動
54    % 計算自走車當前位置及姿態
55    pose = getRobotPose(odomSub)
56    figure(1);
57    hold on;
58    plot(pose(1), pose(2), 'r*','MarkerSize',2);
59    hold off;
60
```

```
61    lin_vel = vMax;
62    ang_vel = wMax;
63    x_lin = 0.0;
64    z_ang = 0.0;
65    idx = 1;
66    while lin_vel < 1
67
68    % 讀取 LiDAR 感測器資料
69    scanMsg = scanSub.LatestMessage;
70    pause(0.1);
71    scan = lidarScan(double(scanData.ranges), ...
72             linspace(scanData.angle_min, scanData.angle_max, 360));
73
74    % 依照順序紀錄資料
75    gScans{idx} = scan;
76    idx = idx +1;
77
78    prompt = 'W = front, A = left, X = back, D = right, S = stop, P = quit ';
79    key = input(prompt, 's');
80    if key == 'w' || key == 'W'
81        x_lin = lin_vel;
82        z_ang = 0;
83
84    elseif key == 'q' || key == 'Q'
85        x_lin = lin_vel;
86        z_ang = ang_vel;
87    elseif key == 'e' || key == 'E'
88        x_lin = lin_vel;
89        z_ang = -ang_vel;
90
91    elseif key == 'a' || key == 'A'
92        x_lin = 0;
93        z_ang = ang_vel;
94    elseif key == 'x' || key == 'X'
95        x_lin = -lin_vel;
```

```
 96        z_ang = 0;
 97   elseif key == 'd' || key == 'D'
 98        x_lin = 0;
 99        z_ang = -ang_vel;
100   elseif key == 's' || key == 'S'
101        x_lin = 0;
102        z_ang = 0;
103   elseif key == 'p' || key == 'P'
104          break;
105   else
106          velData.linear.x = 0;
107          velData.angular.z = 0;
108          send(velPub, velData);
109   end
110
111       % 驅動自走車行進
112       velData.linear.x = x_lin;
113       velData.angular.z = z_ang;
114       send(velPub, velData);
115       waitfor(rate);
116       waitfor(rate);
117
118       % 自走車運動停止
119       velData.linear.x = 0;
120       velData.angular.z = 0;
121       send(velPub, velData);
122
123       % 計算自走車當前位置及姿態
124       pose = getRobotPose(odomSub);
125       figure(1);
126       hold on;
127       plot(pose(1), pose(2), 'r*','MarkerSize',2);
128       hold off;
129   end
130
```

```
131    % 設定自走車速度為 0
132    velData.linear.x = 0;
133    velData.angular.z = 0;
134    send(velPub, velData);
135
136
137    %% 進行環境地圖運算
138    for i = 1:(idx-1)
139        scan = gScans{i};
140        addScan(slamAlg, scan);
141        pause(0.2);
142
143        if rem(i, 5) == 0
144            figure(3); show(slamAlg);
145        end
146    end
147
148
149    %% 建構並畫出環境地圖運算結果
150    [scans, optimizedPoses] = scansAndPoses(slamAlg);
151    map = buildMap(scans, optimizedPoses, mapResolution, typical_range);
152    figure(5)
153    show(map);
154    title('Occupancy Map');
155    hold on;
156    show(slamAlg, 'Poses', 'off');
157    hold off
158
159    %% 儲存環境地圖資料
160    save sampleSLAM 'map' 'slamAlg'
161
162
163    %% 計算自走車當前位置及姿態
164    function pose = getRobotPose(odomSub)
165        % 讀取里程計感測器資料
```

```
166    odomData = odomSub.LatestMessage;
167    pause(0.2);
168
169      % 讀取自走車位置資料
170    position = odomData.pose.pose.position;
171      % 讀取自走車姿態資料
172    orientation = odomData.pose.pose.orientation;
173    odomQuat = [orientation.w, orientation.x, ...
174                    orientation.y, orientation.z];
175    odomRotation = quat2eul(odomQuat);
176
177    pose = [position.x, position.y odomRotation(1)];
178 end
```

▲ 圖 6.74　建立場域環境地圖程式碼

6.5.5 小結

- 自主導航定位首先需要具備運行場域的環境地圖，用來理解場域的環境狀況，並且地圖的構建狀況，會直接影響自走車的自主導航定位能力。

- 實驗採用 SLAM 演算法，以 LiDAR 感測器探測環境獲取的環境資訊，再建構出場域的佔據柵格格式的環境地圖，作為自走車的自主導航定位的參考地圖。

- 獲取環境資訊時，要盡量增加環線閉合（Loop closure）的機會，獲得相同的環境資料做比對運算，可以增加所建構地圖的準確度。

- 演算法進行資料比對運算時，運算結果需要大於 LoopClosureThreshold 參數設定的門檻值，才會被視為有效的資料。

- 合適的 LoopClosureThreshold 與 LoopClosureSearchRadius 參數設定，可以用較少的運算時間及運算資源，建構出有效的場域地圖。

6.5.6 練習

1. 遙控引導自走車繞行場域，並至少兩次的環線閉合（Loop closure），再嘗試進行環境地圖建構，比對地圖與實驗範例差異。

2. 建立另一個實驗場域嘗試進行環境地圖建構。

◇ 6.6 自主巡航於工作站

在嘗試進行前面的路徑規劃、路徑追蹤與避開障礙物實驗後，接下來考慮的是把這幾個連結在一起連續執行，這樣表現出的行為就會更像是一個自主移動的自走車，如果已經可以建置環境地圖，可以嘗試使用自己建立的環境地圖進行實驗。圖 6.75 顯示的實驗場域裡的工作站配置，接下來的構想可以由工作站一開始移動，自主規劃行駛路徑後，就開始自主移動到工作站二，再由工作站二開始路徑規劃與移動到達工作站三。

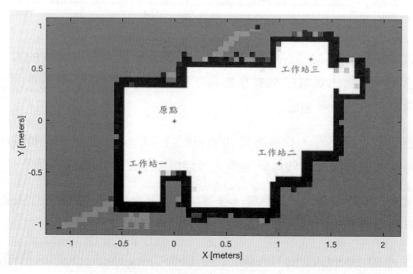

▲ 圖 6.75　實驗場域地圖與工作站配置

6.6.1 流程方塊圖

圖 6.76 顯示的自走車自主導航策略，採用與前面章節相同的導航策略
與流程，分別有路徑規劃就是產生行駛時所依循的無碰撞路徑，所產生
的航點資訊（Waypoints）連結後就成為自走車的理想行駛路徑，路徑
追蹤主要是可以持續追隨理想路徑行駛，並在行駛的當下能夠知道障礙
物存在並採取閃避行動，避免碰撞狀況的發生這些重要功能。各單元的
運行內容與流程和前面章節相同。

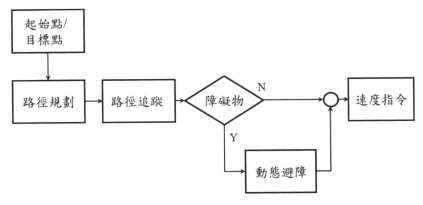

▲ 圖 6.76　自主導航策略流程

6.6.2 程式說明

首先需要修改的地方是，會有兩組行駛起始點與目標點，分別是工作站
一到工作站二，工作站二到工作站三，配合 sGoal 定義的工作站位置座
標，如圖 6.77 顯示加入一個迴圈指標 index，由程式運行時獲取起始點
與目標點，這樣就修正了前面實驗設定採用值的方式。迴圈指標 index
的起始值是 1，迴圈執行的時候以 index = index + 1 的方式累加，當下
一次迴圈時就可以獲取第二、三筆 sGoal 位置座標。迴圈的運算採用
while 進行程式流程控制，while 迴圈需要配合一個 end。

```
%% 定義每一個工作站的座標位置
sGoal=[
        -0.35, -0.50,  -pi/2;      % 工作站一
         1.00, -0.35,      0;      % 工作站二
         1.30,  0.60,   pi/2       % 工作站三
     ];


index = 1;                          % 迴圈指標
while index < length(sGoal)         % 迴圈
    % 定義起始點與目標點
    start = sGoal(index, :);
    goal = sGoal(index + 1, :);
                    :
                    :
                    :
    index = index + 1;              % 指向下一組迴圈指標
  end                               % 迴圈
```

▲ 圖 6.77　依工作站進行迴圈的運算

接下來將圖 6.78 顯示的帶入航點資訊來做為路徑規劃的方式，代換為即時的路徑規劃方式，由 plannerRRTStar 函式建立隨機搜索樹，再進行是否為有效路徑的檢查，如穿越或太靠近障礙物的狀況，可以通過這些檢查項目，即為有效的理想行駛路徑。

```
% 由路徑規劃計算出的航點資訊
path = [-0.3500   -0.5000;
        -0.2532   -0.1084;
        -0.0700    0.0600;
         0.3530    0.0234;
         0.5705    0.2711;
         0.9136    0.3457;
         1.3000    0.6000];
```

▲ 圖 6.78　程式中所帶入的航點資訊

考量於實驗場域內共有兩組行駛路徑，而且並不是涵蓋整個實驗場域，圖 6.79、圖 6.80 顯示在路徑規劃方面的構想，於場域地圖上先取出包含有起始點與目標點的局部區域再進行路徑規劃。

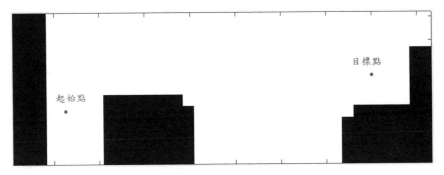

▲ 圖 6.79　工作站一到工作站二

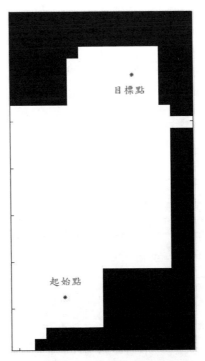

▲ 圖 6.80　工作站二到工作站三

圖 6.81 顯示為所使用的程式碼，經由起始點與目標點的座標，計算出一個四方形區域，再以這個區域進行路徑規劃。另外考量到這兩組行駛路徑的距離分別為 1.35 公尺與 0.99 公尺，所以將前面章節討論到的 MaxConnectionDistance 參數設定修改為 0.3 公尺，目的是希望可以獲得一個較為平滑的無障礙行駛路徑，作為行駛運動使用。相同的路徑追蹤的 LookaheadDistance 參數也可以在進行實驗後再考慮是否修改，主要是觀察自走車移動的狀況是否可以滿足使用上的需求，如平穩行駛還是準確依循規劃路徑行駛。

```
%% 區域場域地圖
function mapCut = mapResize(startPoint, goalPoint)
    global mapInflated;
    global org;
    global orgCut;

    mapGrid = mapInflated.occupancyMatrix;
    worldOrg = mapInflated.LocalOriginInWorld;
    yGridSize = mapInflated.GridSize(1);
    grid = 20;
    gap = 5;

    stmp = [ceil(abs(worldOrg(1) - startPoint(1))*grid) ...
        ceil(abs(worldOrg(2) - startPoint(2))*grid)];
    gtmp = [ceil(abs(worldOrg(1) - goalPoint(1))*grid) ...
        ceil(abs(worldOrg(2) - goalPoint(2))*grid)];
    x_min = min(stmp(1), gtmp(1)) - gap + 1;
    x_max = max(stmp(1), gtmp(1)) + gap;
    y_min = yGridSize - max(stmp(2), gtmp(2)) - gap + 1;
    y_max = yGridSize - min(stmp(2), gtmp(2)) + gap;

    tmp = mapGrid(y_min:y_max, x_min:x_max);
    mapCut = binaryOccupancyMap(tmp, grid);
```

```
    mapCut.LocalOriginInWorld = [ ...
        worldOrg(1) - sign(worldOrg(1))*(x_min-1)/grid ...
        worldOrg(2) - sign(worldOrg(2))*(yGridSize - y_max)/grid];
end
```

▲ 圖 6.81　實驗場域局部區域擷取

6.6.3　實驗結果討論

圖 6.82、圖 6.83 顯示為以全部場域進行隨機搜索樹的拓擴，所產生的
葉子節點是散佈在整個場域，隨著運算次數增加，對最後連結而成為
可行駛路徑優化的程度相當有限，自走車的運動範圍可能不是聚焦在前
往目標點方向的區域，因為會涵蓋整個場域，形成的行駛路徑相對較長
而不理想，所獲得的路徑相對容易較不平滑，理想路徑應該是平滑的路
徑，藉此減少自走車行駛時的震盪狀況。

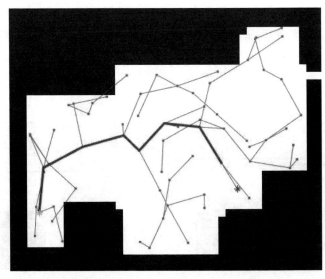

▲ 圖 6.82　全部場域進行隨機搜索樹拓擴（一）

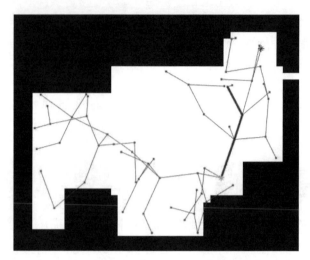

▲ 圖 6.83　全部場域進行隨機搜索樹拓擴（二）

圖 6.84、圖 6.85 顯示為以局部區域進行隨機搜索樹的拓擴，所產生的葉子節點是集中散佈在這個局部的場域，能夠選擇的參考分支較多，隨著運算次數增加，所規劃的路徑因此可以愈來愈優化，最後獲得較平滑的可行駛路徑，再者就是最後獲得的行駛路徑也會相對較短。比較圖 6.81 與圖 6.83 相同的起始點與目標點，採用不同的隨機搜索樹的拓擴範圍，最後產生的可行駛路徑差異將近 0.5 公尺（2.0019 公尺與 1.5307 公尺）。

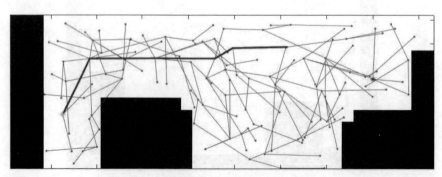

▲ 圖 6.84　局部區域進行隨機搜索樹拓擴（一）

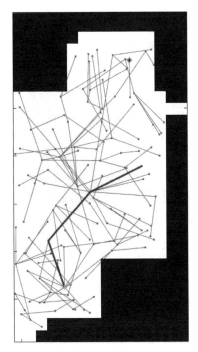

▲ 圖 6.85　局部區域進行隨機搜索樹拓擴（二）

圖 6.86、圖 6.87 顯示基於局部區域進行隨機搜索樹路徑規劃所運算出的無碰撞導航路徑，路徑長度個別為 1.5307 公尺與 1.1969 公尺。

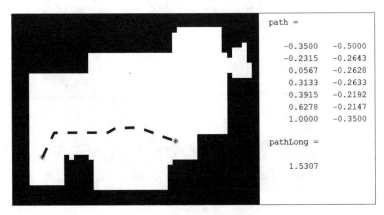

▲ 圖 6.86　第一組無碰撞導航路徑

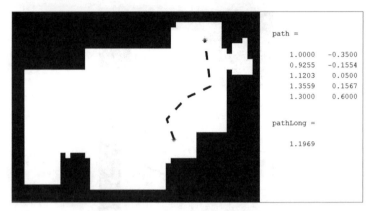

▲ 圖 6.87　第二組無碰撞導航路徑

在進行實體實驗之前,或許可以考慮採用 MATLAB 於開放網頁上可下載
的模擬程式套件,範例如 圖 6.88 顯示,先進行演算法構想的模擬驗證,
如此可以先把程式碼結構進行完整的測試,可以立即修正不足的地方並
了解實機測試時可能遭遇的問題,進行實機測試前可以構想好對策,這
樣可以有效縮短進行實機測試的時間。

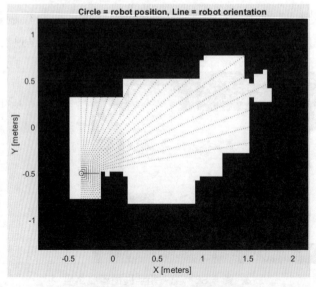

▲ 圖 6.88　MATLAB 模擬程式

圖 6.89 顯示為 MATLAB 模擬程式進行此章節程式碼（圖 6.89 顯示）的測試結果，當然可能會遇到需要些微修改程式碼才能配合進行模擬程式進行，或是參數設定有些許差異的問題，這對於實機測試應該不會有太多的影響，模擬主要是希望進行實體測試前能夠先行驗證演算法構想與程式碼是否完整可行。

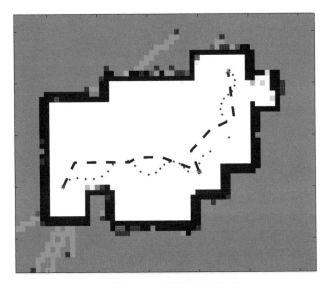

▲ 圖 6.89　模擬驗證結果

6.6.4　程式碼

圖 6.90 顯示自走車自主巡航工作站程式碼。

```
1    %% 定義全域共用變數
2    global org;
3    global mapInflated;
4    global odomSub;
5    global scanSub;
6    global velPub;
```

```
7    global velData;
8    global distObstacle;
9    global min_idx;
10   global max_idx;
11   global vMax;
12   global wMax;
13   global vMin;
14   global wMin;
15   global rate;
16   global goalRadius;
17   global offset;
18
19   % 設定共用變數
20   vMax = 0.15;
21   wMax = 1.00;
22   vMin = 0.03;
23   wMin = 0.03;
24   goalRadius = 0.05;
25   robotRadius = 0.15;
26   distObstacle = 0.5;
27   turnRadius = 0.5;
28   resolution = 1;
29   front_idx = 1;
30   min_idx = 60;
31   max_idx = 300;
32
33
34   %% 連結 MATLAB 與自走車
35   setenv("ROS_DOMAIN_ID", "30");
36   mtnode = ros2node("/matlab_test_node");
37   pause(10);
38
39   % 載入場域的佔據柵格地圖
40   load samplemap.mat
```

```
41
42   %% 建立訂閱與發佈別名
43   odomSub = ros2subscriber(mtnode, "/odom",...
44          "Reliability", "reliable",...
45          "Durability", "volatile",...
46          "History", "keeplast",...
47          "Depth", 1);
48   pause(1);
49   scanSub = ros2subscriber(mtnode, "/scan",...
50          "Reliability", "besteffort",...
51          "Durability", "volatile",...
52          "History", "keeplast",...
53          "Depth", 1);
54   pause(1);
55
56   velPub = ros2publisher(mtnode, "/cmd_vel",...
57          "Reliability", "reliable",...
58          "Durability", "transient-local",...
59          "History", "keeplast",...
60          "Depth", 1);
61   velData = ros2message("geometry_msgs/Twist");
62   pause(1)
63
64   ros2('topic', 'list')
65
66   % 讀取里程計及LiDAR 感測器資料
67   receive(odomSub, 5);
68   receive(scanSub, 5);
69   odomData = odomSub.LatestMessage;
70   scanData = scanSub.LatestMessage;
71   pause(0.5);
72   rate = rateControl(10);
73   % 計算自走車當前位置及姿態
74   pose = getRobotPose(odomSub)
```

```
75
76
77    %% 定義每一個工作站的座標位置
78    sGoal=[
79      -0.35, -0.50, -pi/2;        % 工作站一
80       1.00, -0.35,     0;        % 工作站二
81       1.30,  0.60,  pi/2;        % 工作站三
82    ];
83
84    index = 1;                    % 迴圈指標
85    while index < length(sGoal)   % 迴圈
86      % 定義起始點與目標點
87      start = sGoal(index, :);
88      goal = sGoal(index + 1, :);
89
90      % 計算起始點的校正值
91      offset =  start;
92      offset(3) = 0;
93
94      % 於地圖中標注起始點與目標點
95      figure(1);
96      show(org);
97      hold on;
98      plot(start(1), start(2), 'b*', 'MarkerSize', 3);
99      plot(goal(1), goal(2), 'r*', 'MarkerSize', 3);
100     plot(0, 0, 'b*','MarkerSize', 3);
101     hold off;
102
103     %% 定義路徑規劃函式資料
104     stSpace = stateSpaceSE2;
105     stValidator = validatorOccupancyMap(stSpace);
106     stValidator.ValidationDistance = 0.1;
107
108     % 定義 RRT* 函式資料
```

```
109    planner = plannerRRTStar(stSpace, stValidator);
110    planner.ContinueAfterGoalReached = true;
111    planner.MaxConnectionDistance = 0.3;
112    planner.MaxIterations = 200;
113
114    % 進行膨脹處理
115    mapInflated = copy(mapg);
116    inflate(mapInflated, 0.05);
117    mapCut = mapResize(start(1:2), goal(1:2));    % 區域場域地圖
118
119    % 畫出環境地圖
120    figure(2);
121    show(mapCut);
122
123    rng(10,'twister')
124    % 計算起始點到目標點的距離
125    goalDist = norm(goal(1:2)-start(1:2));
126    pathLong = 2 * goalDist;
127
128    % 定義路徑規劃參考地圖與範圍
129    stSpace.StateBounds = [mapCut.XWorldLimits;...
130          mapCut.YWorldLimits;...
131          [-pi pi]];
132    stValidator.Map = mapCut;
133
134    %% 進行路徑規劃
135    while ((pathLong >= 1.5*goalDist))
136      % 進行路徑規劃運算
137      [pthObj, solnInfo] = plan(planner, start(1:3), goal(1:3));
138
139      % 如果無法運算結果則放寬給定條件
140      while pthObj.NumStates == 0
141        planner.MaxIterations = planner.MaxIterations + 100;
142        [pthObj, solnInfo] = plan(planner, start(1:3), goal(1:3))
```

```
143        disp('planner.MaxIterations + 100!');
144    end
145
146    % 畫出膨脹處理後的環境地圖
147    figure(3);
148    show(mapCut);
149    hold on
150    % 畫出樹狀分枝
151    plot(solnInfo.TreeData(:,1), solnInfo.TreeData(:,2), '.-');
152    % 畫出規劃出的理想路徑
153    plot(pthObj.States(:,1), pthObj.States(:,2), 'r-', 'LineWidth', 2);
154    % 畫出起始點與目標點
155    plot(start(1), start(2), 'g*', 'MarkerSize', 5);
156    plot(goal(1), goal(2), 'r*', 'MarkerSize', 5);
157    hold off
158
159    % 連結起始點與目標點後的理想路徑
160    path = pthObj.States(:,1:2);
161    if path(end, :) ~= goal(1:2)
162        path = [path; goal(1:2)];
163    end
164
165    % 計算行駛路徑長度
166    pathLong = 0;
167    for i = 1:(length(path)-1)
168        pathLong = pathLong + norm(path(i,:) - path(i+1,:));
169    end
170
171    % 檢查是否為有效的理想路徑
172    pathMetricsObj = pathmetrics(pthObj, stValidator);
173    if ~isPathValid(pathMetricsObj)
174        disp('Invalid path');
175        pathLong = 2 * goalDist;
176    else
```

```
177        % 檢查是否為有太靠近障礙物狀況
178        if clearance(pathMetricsObj) < 0.1
179          disp('clearance is inValid.');
180          show(pathMetricsObj,'Metrics',{'StatesClearance'});
181          pathLong = 2 * goalDist;
182        else
183          % 符合檢查條件
184          disp('Valid path.');
185        end
186      end
187    end
188
189    % 畫出環境地圖並包含理想路徑及起始點與目標點
190    path
191    figure(4);
192    show(org);
193    hold on;
194    plot(path(:,1), path(:,2),'k--', 'LineWidth', 3);
195    plot(start(1), start(2), 'b*', 'MarkerSize', 5);
196    plot(goal(1), goal(2), 'r*', 'MarkerSize', 5);
197    hold off;
198
199    %% 旋轉自走車到預期的行駛方向
200    pose = getRobotPose(odomSub) + offset;
201    slope = atan2((path(2,2) - pose(2)),...
202                  (path(2,1) - pose(1)));
203    alpha = slope - pose(3);
204
205    while (abs(alpha) >= 0.1)
206      % 計算角速度
207      w = (wMax * sin(alpha));
208
209      if (abs(alpha) > 0.5*pi && abs(alpha) < 1.2*pi)
210        w = sign(w)*wMax;
```

```
211      end
212
213      if abs(w) > wMax
214         w = sign(w)*wMax;
215      end
216
217      if abs(w) < wMin
218         w = sign(w)*wMin;
219      end
220
221      % 驅動自走車旋轉
222      velData.linear.x = 0;
223      velData.angular.z = w;
224      send(velPub, velData);
225      waitfor(rate);
226
227      % 計算自走車當前位置及姿態
228      pose = getRobotPose(odomSub) + offset;
229      slope = atan2((path(2,2) - pose(2)),...
230                    (path(2,1) - pose(1)));
231      % 計算角度差
232      alpha = slope - pose(3);
233
234      if (abs(alpha - 2*pi) <= 0.05)
235        velData.linear.x = 0;
236        velData.angular.z = 0;
237        send(velPub, velData);
238        break;
239      end
240   end
241
242   % 設定速度參數為 0
243   velData.linear.x = 0;
244   velData.angular.z = 0;
```

```
245    send(velPub, velData);
246
247
248    %% 定義 Pure Pursuit 函式資料
249    controller = controllerPurePursuit;
250    controller.Waypoints = path;
251    controller.DesiredLinearVelocity = vMax;
252    controller.MaxAngularVelocity = wMax;
253    controller.LookaheadDistance = 0.50;
254
255    % 定義 VFH 函式資料
256    VFH = controllerVFH;
257    VFH.UseLidarScan = true;
258    VFH.DistanceLimits = [0.15 distObstacle];
259    VFH.RobotRadius = robotRadius;
260    VFH.SafetyDistance = robotRadius * 1.5;
261    VFH.MinTurningRadius = turnRadius;
262    VFH.HistogramThresholds= [2 5];
263    VFH.CurrentDirectionWeight = 3;
264
265    % 畫出環境地圖並包含起始點、目標點與規劃的行駛路
266    pose = getRobotPose(odomSub) + offset;
267    figure(3);
268    show(org);
269    hold on;
270    plot(path(:,1), path(:,2),'k--', 'LineWidth', 2);
271    plot(start(1), start(2), 'b*', 'MarkerSize', 5);
272    plot(goal(1), goal(2), 'r*', 'MarkerSize', 5);
273    hold off;
274
275    %% 驅動自走車前往目標點
276    check = 0;
277    reset(rate);
278    receive(odomSub, 5);
```

```
279    receive(scanSub, 5);
280    goalDist = 50 * goalRadius;
281    % 判斷是否到達目標點
282    while(goalDist >= goalRadius)
283        % 讀取 LiDAR 感測器資料
284        scanData = receive(scanSub, 5);
285        pause(0.2);
286        scans = lidarScan(double(scanData.ranges), ...
287            linspace(scanData.angle_min, scanData.angle_max, 360));
288        transScan = scans;
289
290        % 進行 Pure Pursuit 運算
291        [v, w, aheadPt] = controller(pose);
292
293        % 判斷行進方向是否有障礙物存在
294        if (detObstacle() > 0) && (goalDist > 0.5)
295            disp('detObstacle()');
296
297        % 計算預計的移動方向
298        targetDir = atan2(aheadPt(2)-pose(2),...
299                          aheadPt(1)-pose(1))...
300                            - pose(3);
301        % 抓取 LiDAR 感測器資料
302        ranges = [transScan.Ranges(max_idx:360);...
303                  transScan.Ranges(1:min_idx)];
304        angles = [transScan.Angles(max_idx:360);...
305                  transScan.Angles(1:min_idx)];
306        scans = lidarScan(ranges, angles);
307
308        % 進行 VHF 避障運算
309        steerDir = VFH(scans, double(targetDir));
310        check = 1;
311    end
312
```

```
313        % 運算角速度修正值
314        if check == 1 && ~isnan(steerDir)
315          check = 0;
316          w = 0.5 * steerDir;
317          if abs(w) > wMax
318            w = sign(w)*wMax;
319          end
320          if abs(w) < wMin
321            w = sign(w)*wMin;
322          end
323        end
324
325        % 驅動自走車行進
326        velData.linear.x = double(v);
327        velData.angular.z = double(w);
328        send(velPub, velData);
329        waitfor(rate);
330
331        % 計算自走車當前位置及姿態
332        pose = getRobotPose(odomSub) + offset;
333        hold on
334        % 於地圖中標注自走車當前位置
335        plot(pose(1), pose(2), 'g*','MarkerSize',2);
336        hold off
337
338        % 計算自走車與目標點的距離
339        goalDist = norm(pose(1:2) - path(end,:));
340        % 接近目標點時進行減速的動作
341        if (goalDist <= 0.5)
342          release(controller);
343
344          % 計算新的線速度值與角速度值
345          controller.DesiredLinearVelocity = vMax/3;
346          controller.MaxAngularVelocity = wMax/3;
```

```
347
348        % 設定新的前視距離
349        controller.LookaheadDistance = 0.2;
350     end
351   end
352
353     % 自走車運動停止
354     velData.linear.x = 0;
355     velData.angular.z = 0;
356     send(velPub, velData);
357
358     % 計算自走車當前位置及姿態
359     pose = getRobotPose(odomSub) + offset;
360
361     % 到達目標點時進行方向調整
362     pt2Goal(goal);
363     disp('Reach Goal!')
364
365     % 到達目標點並停止
366     velData.linear.x = 0;
367     velData.angular.z = 0;
368     send(velPub, velData);
369
370     index = index + 1;              % 指向下一組迴圈指標
371     release(VFH);
372     release(controller);
373 end
374
375 %% 旋轉自走車朝向目標點方向
376 function pt2Goal(goal)
377   global odomSub;
378   global velPub;
379   global velData;
380   global goalRadius;
```

```
381
382   global wMax;
383   global wMin;
384   global offset;
385
386   rate = rateControl(5);
387   % 到達目標點座標時的姿態方向
388   orientation = goal(3);
389
390   % 計算自走車當前位置及姿態
391   pose = getRobotPose(odomSub);
392   pose = pose + offset;
393
394   % 計算角度差
395   if orientation == pi
396    alpha = orientation - sign(pose(3))*pose(3);
397    alpha = sign(pose(3))*alpha;
398   else
399    alpha = orientation - pose(3);
400   end
401
402   while (abs(alpha) >= goalRadius/2)
403   % 計算角速度
404   w = wMax * sin(alpha);
405
406   if (abs(alpha) > 0.5*pi && abs(alpha) < 1.2*pi)
407     w = sign(w)*wMax;
408   end
409
410   if abs(w) > wMax
411     w = sign(w)*wMax;
412   end
413
414   if abs(w) < wMin
```

```
415     w = sign(w)*wMin;
416   end
417
418   % 驅動自走車旋轉
419   velData.linear.x = 0;
420   velData.angular.z = w;
421   send(velPub, velData);
422   waitfor(rate);
423
424   % 計算自走車當前位置及姿態
425   pose = getRobotPose(odomSub);
426   pose = pose + offset;
427
428   % 計算角度差
429   if orientation == pi
430       alpha = orientation - sign(pose(3))*pose(3);
431       alpha = sign(pose(3))*alpha;
432   else
433       alpha = orientation - pose(3);
434       if abs(alpha) >= pi
435         alpha = sign(pose(3))*(2*pi - abs(alpha));
436       end
437   end
438   end
439
440   hold on
441   plot(pose(1), pose(2), 'g*', 'MarkerSize', 2);
442   hold off
443   end
444
445   %% 判斷是否有障礙物存在
446   function Exist = detObstacle()
447   global scanSub;
448   global distObstacle;
```

```
449   global min_idx;
450   global max_idx;
451
452   Exist = 1;
453
454   % 讀取 LiDAR 感測器資料
455   scanData = scanSub.LatestMessage;
456   pause(0.2);
457   scan = [scanData.ranges(max_idx:360),...
458      scanData.ranges(1:min_idx)];
459   mindist = min(scan(~isnan(scan)));
460
461   % 障礙物是否相當靠近
462   if (mindist >= distObstacle)
463      Exist = 0;
464   end
465  end
466
467 %% 區域場域地圖
468 function mapCut = mapResize(startPoint, goalPoint)
469   global mapInflated;
470   global org;
471   global orgCut;
472
473   mapGrid = mapInflated.occupancyMatrix;
474   worldOrg = mapInflated.LocalOriginInWorld;
475   yGridSize = mapInflated.GridSize(1);
476   grid = 20;
477   gap = 5;
478
479   stmp = [ceil(abs(worldOrg(1) - startPoint(1))*grid) ...
480      ceil(abs(worldOrg(2) - startPoint(2))*grid)];
481   gtmp = [ceil(abs(worldOrg(1) - goal-Point(1))*grid) ...
482      ceil(abs(worldOrg(2) - goalPoint(2))*grid)];
```

```
483   x_min = min(stmp(1), gtmp(1)) - gap + 1;
484   x_max = max(stmp(1), gtmp(1)) + gap;
485   y_min = yGridSize - max(stmp(2), gtmp(2)) - gap + 1;
486   y_max = yGridSize - min(stmp(2), gtmp(2)) + gap;
487
488   tmp = mapGrid(y_min:y_max, x_min:x_max);
489   mapCut = binaryOccupancyMap(tmp, grid);
490   mapCut.LocalOriginInWorld = [ ...
491     worldOrg(1) - sign(worldOrg(1))*(x_min-1)/grid ...
492     worldOrg(2) - sign(worldOrg(2))*(yGridSize - y_max)/grid];
493 end
494
495   %% 計算自走車當前位置及姿態
496   function pose = getRobotPose(odomSub)
497   % 讀取里程計感測器資料
498   odomData = odomSub.LatestMessage;
499   pause(0.2);
500
501   % 讀取自走車位置資料
502   position = odomData.pose.pose.position;
503   % 讀取自走車姿態資料
504   orientation = odomData.pose.pose.orientation;
505   odomQuat = [orientation.w, orientation.x, ...
506     orientation.y, orientation.z];
507   odomRotation = quat2eul(odomQuat);
508
509   % 自走車當前位置及姿態
510   pose = [position.x, position.y odomRotation(1)];
511 end
```

▲ 圖 6.90　自走車自主巡航工作站程式碼

6.6.5 小結

■ 以全部場域進行隨隨機搜索樹的拓擴，所產生的葉子節點會散佈在整個場域，隨著運算次數增加，對最後連結而成為可行駛路徑優化的程度相當有限。

■ 以局部區域進行隨機搜索樹的拓擴，所產生的葉子節點是集中散佈在局部的場域，隨著運算次數增加，所規劃的路徑因此可以愈來愈優化，最後可以獲得較平滑的可行駛路徑。

■ 模擬程式套件，可以用來先行驗證演算法構想，並可以先把程式碼結構進行完整的測試，並了解實機測試時可能遭遇的問題，可以有效縮短進行實機測試的時間。

6.6.6 練習

1. 嘗試從工作站三作為起始點開始，經由工作站二往工作站一巡航行駛。

2. 延續前面實驗再加入第四個工作站，然後進行自走車從第一個工作站開始連續巡航行駛練習。

3. 採用另一個實驗場域地圖，並嘗試進行自走車於多個工作站間行駛移動的練習。

未來發展

根據彭博 2018 年底的統計資料，無人運輸的嘗試性計畫已在全球超過一百個城市正在或準備開始實行，可見因應未來智慧城市及運輸需求發展的無人運輸與自動駕駛非常受到重視，參與計畫的廠商包含有傳統車廠、科技巨擘與新創公司等，可見自動駕駛車市場前景各界都看好，尤其在這後新冠肺炎時代，為了減少人與人接觸傳染的機會，自動駕駛車的發展更受注目。

本書的目的是期望對自駕車與自走車有興趣的高中生、大專生、社會人士可以經由了解無人自走車自主導航的原理與實作來對自駕車有更深入了解。更重要的是，本書主要主旨是以 MATLAB® 與 ROS2 整合的開發環境來實作自走車，透過此開發環境方式，即使是在家自學也可以簡單實作出預期中自走車的功能。

本書主要採用 MATLAB® 與 ROS2 結合的方式來建立自走車的開發平台，建構出在遠端電腦執行的自走車控制系統，並能夠達到自主導航定位及建構地圖的能力。透過 ROS 系統框架以網路當作媒介，開發者就可以集中所有精神使用 MATLAB® 進行自走車控制演算法的開發，而不需要費心於自走車的硬體控制，這樣降低進入自走車開發的門檻，是本書希望推廣的想法。

對於學校與研究單位，採用本書為教學參考書本的好處可以提供入門者的一套學習工具，或是基於此開發環境建構出不一樣的控制系統，開發出一個合適於教學或是研究的應用場景及實例。對於業界單位來說，無人搬運車的需求日益增加，對於了解其自主導航的基本原理與實作是必要的，因此透過本書可以快速訓練從業人員的基本概念與實務操作能力。

◇ 7.1 章節回顧

7.1.1 概述

第 1 章概述說明自動駕駛車為未來發展的趨勢，歐美亞洲主要各國發展的狀況，因具備有百億美元商機，所以除了傳統的汽車製造商外，以創新科技為主要發展的公司也紛紛加入開發行列。自動駕駛車的相對簡單雛形就是無人自走車，也在新冠肺炎開始肆虐的時代因為「零接觸」的需求被大量使用於運送工作，因此無人自走車的發展相當符合現實面的需要，已是一般人所能接觸到的生活題材，但由於開發及創新的門檻相當高，本書構想透過自己實驗以 MATLAB® 建立自走車控制軟體，並與 ROS2（Robot Operating System 2.0）結合的方式建構自走車實驗平台並試作達到自主導航定位的功能，來了解自走車的原理及相關的演算法技術，並對自動駕駛車有概括的了解。

7.1.2 無人自走車導論

第 2 章無人自走車導論帶領讀者認識 ROS（Robot Operating System），無人自走車其實就是一部會移動的機器人，ROS 對於機器人相關應用能夠快速發展，可說是居功厥偉，最原始是由學校實驗室開始發展並歷經多年的改革，ROS 系統框架在目前已被廣泛應用於機器人及其相關領域的設計、研發與製造，以及學術研究領域。圖 7.1 顯示 ROS 系統框架的基礎概念就是 Node、Message、Topic，Node 為一個可執行程式 ROS 的基礎元件，Topic 為資料通訊的主題，Node 與 Topic 之間以 Message 傳遞進行溝通 [7]；ROS 具備多樣功能的函式庫及工具套件，讓機器人的設計開發可以不需從頭做起，而能站在前人的肩膀（經驗）上再往上發展，ROS 系統發展的理念是避免重複開發相同功能的軟體元件，將時間及精神用在開發，進而能夠有不同的應用發展。

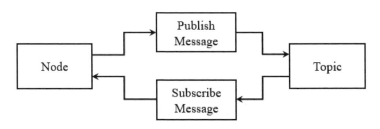

▲ 圖 7.1　Node　Message　Topic 的關係

圖 7.2 顯示 ROS 由 1.0 到 2.0 的優化目標，除了 Linux 作業系統外還增加 Windows、Mac 及 RTOS 作業系統的支援，並能夠方便進行多機器人系統的開發，也對於無法即時溝通的傳輸機制弱點提出了改善，採用了資料分發服務技術（DDS），導入 DDS 中介層滿足對於即時通訊方面的需求。章節後半段引領讀者進行 TurtleBot 3 Burger 實驗平台的準備，本書實驗建立於 ROS2 系統架構，實驗平台的軟體部分也需要進行更新，包含單板電腦（Raspberry Pi3）的 ROS2 系統安裝及設置，以及

馬達驅動板的韌體更新，讀者依照本書的步驟操作就可以在實驗前準備好相對應的實驗平台套件軟體下載安裝及設置。

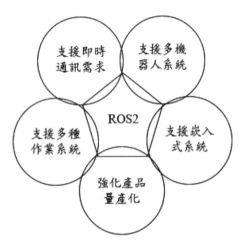

▲ 圖 7.2　ROS2 優化目標

本書建立無人自走車實驗平台的 ROS2 操作環境，採用的方式是由安裝 Ubuntu 20.04 開始，再安裝及設置 ROS2 Foxy 系統及相關的套件。建立了操作環境後即具有控制自走車實驗平台的功能。連接外接螢幕、鍵盤、與滑鼠，以及電源後開機，輸入帳號與密碼後即可進入單板電腦的 Ubuntu 系統操作環境。於文字操作環境下輸入 ROS2 指令即與在相同網域的其他裝置相互識別，即可以接收與傳送資料。ros2 launch turtlebot3_bringup robot.launch.py 為實驗平台的初始化及掛載指令，進行 ROS2 實驗或測試前需要先執行。

7.1.3 MATLAB® 介紹

第 3 章 MATLAB® 介紹説明使用 MATLAB® 來開發自走車的好處，除了有圖形化的操作環境，最重要的是具備有豐富的函數可以用來解決許多基本問題，尤其是繪圖方面的函式庫，並整合豐富的相關工具庫（Toolbox）可以增加系統開發的彈性。

MATLAB® 是一個經過了優化主要用於數值分析、科學資料計算的軟體工具，具備與 C 語言相似的程式碼語法，讓熟悉其他程式語言的開發者只需要短時間就可以上手使用，是一套用於科學開發的高階商用軟體，與程式語言相比較能更容易排除程式碼編寫的技術問題，集中精神於演算法的模擬、開發與驗證問題上，可以加速開發進度與工作的流暢度。

一般所使用的程式語言就像是木頭、金屬之類的材料，具有很高的自由度可以塑造成各種形體，相對的需要花費較多的時間規劃編輯，並且需要排除形塑時所發生的任何技術問題。MATLAB® 具備許多模組元件，像是已經打造好的工具及材料，像是積木一樣使用及組裝搭建，可以將時間用在規劃所要塑造的形體，並可以隨時改變形塑的規模。因此MATLAB® 的使用在意的是如何快速實現設計想法，而不是花費精力在如何寫出滿足複雜語法的程式語言。

MATLAB® 的使用者圖形工作視窗環境，除了最上方的工具列之外，其他區域主要由資料夾瀏覽視窗、工作空間視窗、程式碼編輯器、即時命令視窗這四個部分所組成。使用的時候可以直接在即時命令視窗（Command Window）的提示符號（>>）後輸入指令、變數或是運算式，MATLAB® 就會立即計算並輸出執行結果，非常方便於實驗測試。

MATLAB® 整合多種演算法與工具庫（Toolbox），可以增加系統開發的彈性，讓使用者可以有效率地進行開發測試，與自走車開發有關的工具庫有 Robotics System ToolboxTM 與 ROS 工具庫（ROS Toolbox），只需要基本的 MATLAB® 操作就可以控制機器人，有效地縮短進入的學習時間。最後讀者可依照本書程序進行軟體的安裝準備好進行實驗章節。

7.1.4 無人自走車基礎理論

第 4 章無人自走車基礎理論首先介紹自走車系統組成，無人自走車由各種不同元件所組成，每個元件具備不同的功能，對研發而言是一個複雜的系統，將其簡化為驅動與控制的兩層化結構，也是所謂的上位機與下位機的結合，下位機主要考慮硬體驅動和數據資訊擷取之類的問題，需要考慮的是驅動能力及穩定度的表現；上位機控制系統開發在意的是，其運算性能可以達到演算法運算需求，並如何在特定平台上快速有效地進行開發。以 ROS2 作為上位機控制層的軟體系統，透過 ROS 訊息溝通框架，連結遠端的電腦上的 MATLAB® 建構分散式運算的系統框架，在 MATLAB® 上進行無人自走車的自主導航功能開發，可以充分運用 MATLAB® 的優點。本書建構的自走車自主導航控制系統，在遠端電腦的 MATLAB® 環境下進行開發實作，所規劃的運行程序如圖 7.3 顯示依序是路徑規劃、路徑追蹤、動態避障，每個程序個別採用不同的演算法達成預期功能。

▲ 圖 7.3　自主導航演算法程序

演算法就是解決一種問題採用的邏輯，描述解決問題的方法策略。使用的人其實可以不用在意問題是如何解決的，最終就是會有答案產生，如圖 7.4 示意圖說明輸入木材後，就可以在輸出的地方等待被製造出來的桌子，工廠就是所謂的演算法。至於工廠如何製造桌子是不需要在意的，演算法的設計者就會在意執行的過程及採用的方法，與實際執行程序是否符合期望。

▲ 圖 7.4　演算法概念

圖 7.5 顯示快速隨機搜索樹演算法由根節點開始通過隨機採樣方式增加葉子節點，如此向外擴拓成一個樹狀結構，擴展的方向是由可用區域中的隨機採樣點決定，隨機擴展節點建立分支，進一步延伸探索到整個可用區域，生成一個快速隨機搜索樹。演算法的優點在於無需對搜索區域進行建模或是幾何分割，適合解決多自由度和在複雜環境中的路徑規劃問題，並可以覆蓋較廣的搜索範圍，有效的搜索整個區域，使得路徑規劃問題簡化而快速得到結果。

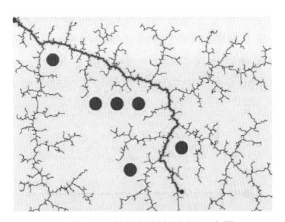

▲ 圖 7.5　快速隨機搜索樹示意圖

RRT* 演算法是一個改良的版本，主要區別是增加了對新節點的重計算過程，目的是選擇適當的父節點，並重新規劃隨機樹用以產生優化結果。隨著隨機採樣點的增加，不斷地進行路徑優化，隨著運算次數的增加，得出愈來愈優化的路徑，是屬於漸進式優化的演算法則，所以需要一定的運算時間，才能得到相對的優化路徑。

若讀者想了解更多隨機取樣路徑規劃，可參考台達磨課師機器人學第十
單元，影片中有詳細介紹。

https://univ.deltamoocx.net/courses/course-v1:AT+AT_010_1092+2021_02_22/about

單純追蹤演算法是路徑追蹤的一種方法，使自走車盡可能正確地行走於
規劃好的理想路徑上，依據自走車當前的速度及姿態資訊，演算法會計
算出下一次運動的線速度和角速度參數，持續追隨著在理想路徑上有一
段距離遠的某個目標點。需要計算出一個通過兩個位置（目前位置和下
一個移動到的位置）的圓弧，藉由這樣獲得合適的轉向角度。參數設定
方面前視距離的設定是需要特別注意的部分，圖 7.6 上圖顯示較小的前
視距離參數將使無人自走車快速地向理想路徑移動，如此比較可能會發
生圍繞路徑振盪擺動狀況，可以想像開車時只注意距離車子最近的正前
方，遇到要轉彎處就會常常發生狂打方向盤的急轉彎狀況。相對的為了
減少震盪，圖 7.6 下圖選擇較大的前視距離參數，朝向期望目標點移動
時理想路徑的轉彎處就會被忽略（追隨曲線曲率變大），所以就可能會
發生轉彎角被削除的狀況，導致在某些狀況下偏移理想路徑太多，路徑
跟隨效果不好的狀況。

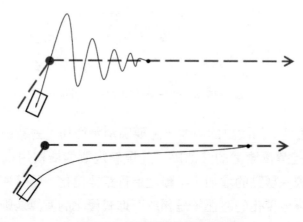

▲ 圖 7.6　前視距離參數設定比較

向量直方圖演算法簡稱 VFH 演算法，通過自走車上的感測器探測運動環境狀況得到障礙物資訊，採用統計方式計算障礙物的位置及方位資料，進而求得各個方向的行進代價。圖 7.7 顯示不同方向的行進代價直方圖，橫坐標為 0-360 度的直方圖表示，縱坐標是計算出的代價值。當某方向的障礙物越多，計算出的行進代價值越高，代價值愈高表示該方向通過愈有難度，代價值愈低代表那個方向是愈容易通行，藉由這樣的方式挑選出代價值較低的方向作為下一次的運動方向。VFH+ 演算法為 VFH 改進版本，能夠更有效率的計算出新的行進運動方向，提供較平滑及較可靠的行駛路徑。

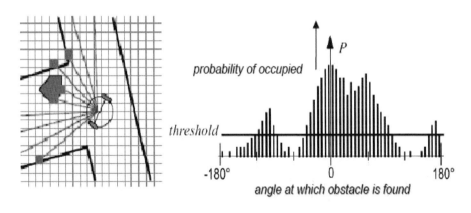

▲ 圖 7.7　VFH 直方圖示意圖

對自走車而言圖 7.8 顯示的佔據柵格地圖（Occupancy grid map）是目前應用最為廣泛的地圖儲存格式，與一般所認知的地圖差異不大，在一張圖片中就能表示環境中的許多資訊，地圖中的每一個像素則代表了實際環境中相對應的位置，其數值代表了實際環境中障礙物可能存在的機率，柵格地圖能表示空間環境中的障礙物位置特徵，可以直接用來進行路徑規劃與導航使用。

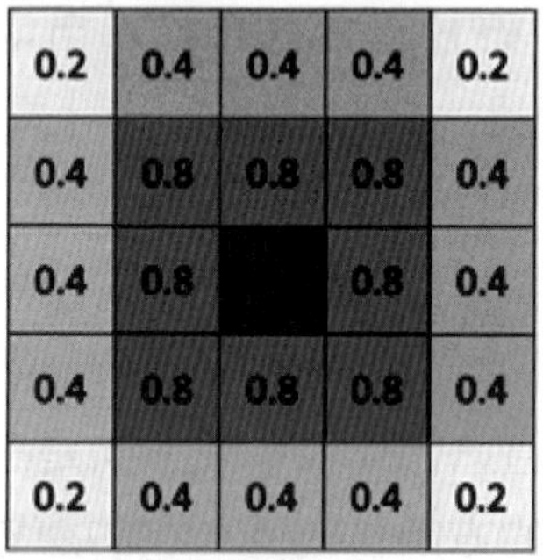

▲ 圖 7.8 佔據柵格地圖示意圖

製作佔據柵格地圖常用的設備之一是雷射測距感測器（LiDAR），於量測場域中，LiDAR 感測器向固定的方向發射雷射光束，如果有障礙物存在雷射光束就會被反射，感測器就能計算到雷射從發射到接收的時間差，除以二就可以知道雷射光束單趟運行的時間，乘以雷射光束的速度可以知道這個方向與障礙物的距離。

同步定位與地圖建構是指採用感測器對周圍環境進行採集，在計算自走車自己的位置的當下，同時構建真實場域環境地圖，目的在於解決在未知環境下的定位與場域地圖構建問題。本書採用這個演算法建立實驗場域的環境地圖，導航控制系統就依據這個環境地圖規劃出可通行的無障礙路徑，引導自走車最後能夠安全到達目的地。

若讀者想簡單了解同步定位與地圖建構的概念，可參考台達磨課師機器人學第十單元，影片中有詳細介紹。

https://univ.deltamoocx.net/courses/course-v1:AT+AT_010_1092+
2021_02_22/about

日常生活中使用的電器、器具等，世界各國都有制定相對應的安全規範，確認產品符合相關要求對於民眾或是環境的健康、安全不會有傷害及汙染問題。歐洲歐盟委員會要求製造商必須要有正式的自我聲明書

（DoC）聲明其產品是符合相關的產品安全標準，歐盟的 CE 認證是強制性的規範，因為不符合標準的產品並無法於歐洲經濟區市場上販售。

美國的 UL 認證主要是想避免產品對消費者生命安全造成危害，所建立的規範，若產品不符合規範則該產品於美國境內絕大多數地區將無法獲得銷售許可。美國能源之星（Energy Star）則是希望降低能源消耗並減少所排放的溫室效應氣體，是一項促使消費產品能更節約能源而設立的國際標準及計劃，並擴及資訊產品以外的範圍。ISO（International Organization for Standardization）是國際標準化組織的簡稱，主要是制定全世界工商業所適用的國際標準建立機構，ISO 的國際標準以數字表示，表 7.1 顯示為常見的 ISO 標準。

表 7.1　常見的 ISO 標準

ISO 1000	國際單位標準
ISO 9000	品質管理標準
ISO 14000	環境管理標準
ISO 22000	食品安全管理標準
ISO 27000	資訊安全管理標準
ISO 28000	供應鏈安全管理標準
ISO 50000	能源管理標準

根據國際機器人聯合會 (IFR)，自主移動機器人（AMR）近年來被快速部屬於智慧倉儲運輸系統，具備自主移動能力使得 AMR 比 AGV 更為靈活。除了可以避免碰撞發生順利完成任務，還必須要具備各種安全機制，確保運行時仍然能夠維持周圍人群及設備的安全，安全特性應是移動機器人成功的關鍵。

- 無人搬運車（AGV）主要是遵循地面上（包括電磁、光學、QR code 等）導引裝置，並能夠依循導引裝置的行駛預定的路徑，當路徑中有障礙物時將停止前進，一直到障礙物被移除才再繼續。

- 自主移動機器人（AMR）主要是遵循動態規劃無障礙並有效的行駛路徑，隨時因應當下環境變化修正路徑，當路徑中有障礙物時將採取反應繞過障礙物並繼續行駛。

自動送貨機器人又稱為個人物品運送裝置（Personal Delivery Device, PDD）為自主移動機器人應用，是一種具有動力運行於地面的運輸設備，專門為運送貨物而設計。因為防疫的需求，非接觸式取送貨品，更能凸顯無人送貨於未來發展的重要性，同時也克服了交通壅塞和停車限制的問題。

對環境具有零污染、節能等優點，再加上可以厚植技術創新軟硬實力與創造就業機會等因素，使得驗證具備自主能力的個人物品運送裝置的規範開始被建立，就是希望確保能夠達到應有的可靠度與安全性，圖 4.18 顯示當自主移動機器人的運行使用區域逐漸與民眾的生活空間有重疊，安全的規範與需求就顯得愈來愈重要。

表 7.2 顯示無人搬運車所遵循的規範 ANSI/ITSF B56.5（美國）、EN 1525（歐盟）並無法適用於新興技術的自主移動機器人於複雜應用場景的安全要求。ANSI/RIA R15.08（美國）、ISO 3691-4（歐盟）是目前最適用於自主移動機器人的國際標準，具備更全面的安全功能系統的要求，包含安全監控功能與安全停車機制，並增加了自主移動設備才具備功能的相關安全規範。

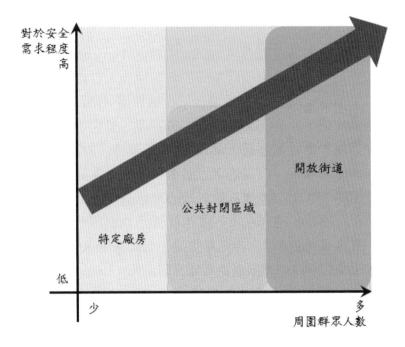

▲ 圖 7.9　安全的規範與需求

表 7.2　無人搬運車與自主移動機器規範

	歐盟	美國
無人搬運車	EN 1525	ANSI/ITSF B56.5
自主移動機器人	ISO 3691-4	ANSI/RIA R15.08

7.1.5 無人自走車初階實驗

第 5 章無人自走車初階實驗採用 ROS2 架構的 Turtlebot3 Burger 作為無人自走車實驗平台,開始進行基礎的實驗操作,自走車實驗平台的上位機採用 Raspberry Pi3 單板電腦,下位機採用 Arduino 架構的馬達驅動板所組成的架構。系統架構如圖 7.10 顯示,安裝 MATLAB® 軟體系統的遠端電腦作為控制系統,具備 ROS 工具庫(ROS Toolbox)套件,透過無線網路環境,與自走車上的上位機單板電腦進行溝通。透過遠端電腦上的 MATLAB® 作為控制核心來建構自走車的自主導航控制系統,執行所預期的控制邏輯,圖 7.11 顯示為整體系統的訊息傳遞架構概念,ROS-based 的無人自走車實驗平台,採用 ROS 的訊息格式與安裝 MATLAB® 的遠端電腦溝通傳遞雷射測距(LaserScan)、里程計(Odometry)和速度指令(Twist)資訊。

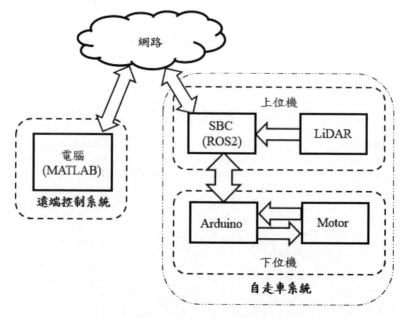

▲ 圖 7.10 自走車系統架構

從通訊連結自走車的 ROS2 與 MATLAB® 系統開始，ROS2 容許不同的
裝置全部都可以經由網路建立連結，建議裝置都在同一網域裡，以方便
故障狀況排除及除錯。以 MATLAB® 軟體的圖形化操作介面及程式指令
進行個別功能的實驗操作，嘗試驅動自走車繞圓圈移動，以及給定路徑
航點座標方式，套用演算法進行移動練習，並控制自走車移動到指定的
目標點並停止。透過這些實驗操作了解自走車的主要元件、功能及操作
與控制方式，透過圖形元件組成的條件判斷邏輯，達到控制自走車移動
與停止的功能。還有透過程式碼的編輯方式進行實驗，學習 LiDAR 感
測器的使用，以感測器獲取自走車周圍環境資訊，並以 MATLAB® 的圖
形化介面顯示。

每一個無線網路路由器都會有一組預設 IP address，將所有裝置設定
成使用 DHCP（動態主機設定協定）自動取得 IP address，當與路由器
連接後就會自動分配到一組 IP address，如圖 7.12 顯示的實驗系統架
構，如果路由器預設 IP 為 192.168.100.50，那麼其他兩個裝置應該是
192.168.100.**AAA** 與 192.168.100.**BBB**，這樣就完成了區域無線網路的
架設。

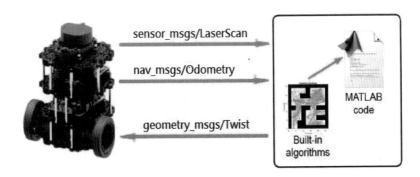

▲ 圖 7.11　系統訊息傳遞架構
（CC BY-4.0 by https://www.turtlebot.com/）
（CC BY-SA 3.0 by https://mathworks.com/）

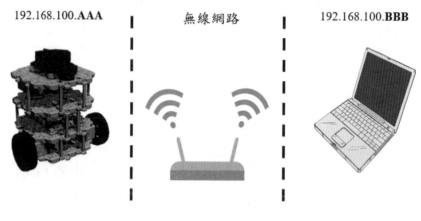

192.168.100.**AAA**　　　無線網路　　　192.168.100.**BBB**

▲ 圖 7.12　自走車學習系統架構

進行實驗時如果有需要對自走車上位機的 Linux 環境進行操作,使用 SSH 的方式由遠端電腦連接登入自走車上位機,這樣可以減少自走車實驗平台的外接裝置以及方便於行駛移動實驗。PuTTY 軟體支援 SSH 的傳輸,並可將所有的設置儲存方便之後的使用,以下指令可以初始化 Turtlebot3 Burger 實驗平台,並將系統掛載到 ROS2 網域,讓在相同 ROS2 網域的其他裝置可以相互識別。

```
$ ros2 launch turtlebot3_bringup robot.launch.py
```

自走車實驗平台裝置的 LiDAR 感測器模組,進行探測後所產生的資訊採用 UART(Universal Asynchronous Receiver and Transmitter)訊號介面來傳遞資料,需要將 UART 訊號轉換成 USB 訊號,再連結到單板電腦(Raspberry Pi3),如圖 7.13 顯示的轉換方式,如此上位機才能透過 USB 接收到 LiDAR 感測器資訊。

圖 7.14 顯示 LiDAR 感測器可以感測的範圍是由正、負兩組 0 - 180 度所組成,0 度方向為車頭方向採用右手定則,角度以反時針方向為增加,順時針方向為減少。

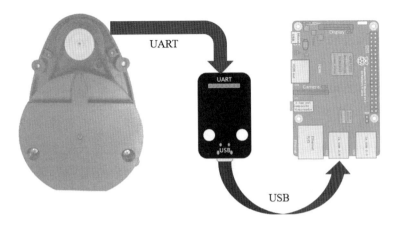

▲ 圖 7.13　LiDAR 感測器與上位機連接

（CC BY-3.0 by Efa at English Wikipedia）

（CC BY-4.0 by https://www.turtlebot.com/）

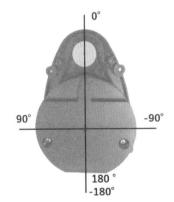

▲ 圖 7.14　LiDAR 感測器角度定義

7.1.6　無人自走車進階實驗

第 6 章無人自走車進階實驗則是開始建立自主的導航控制系統，採用不需要人工指令進行導航操作，一切都是採用控制演算法則自動進行。圖 7.15 顯示為所規劃建立的自主導航流程，首先利用已建立好的導航地圖，給定起始點與目標點後，根據實驗場域的環境地圖資料進行行駛路徑規劃，然後驅動自走車從起始點開始，追蹤所規劃出的導航路徑，行駛當中即時探測環境並繞開障礙物，最後行駛到達目的地，依序進行路徑規劃、路徑追蹤、避開障礙物及定位補償。

實驗操作以單元方式進行，分別説明演算法使用、流程安排、程式撰寫及實驗操作，並從實驗結果探討其中主要變項的影響。最後則是介紹如何建立實驗場域環境的地圖，爾後讀者可以自行建立自己專屬的環境導航地圖，以實現自走車的自主導航能力。

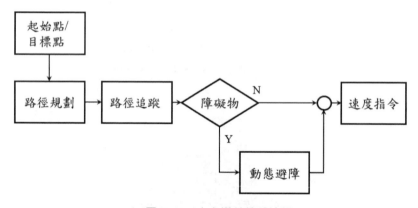

▲ 圖 7.15　自主導航策略流程

7.1.7 未來發展

第 7 章未來發展作為本書的總結，因應未來智慧城市及運輸需求發展的無人運輸與自動駕駛非常受到重視，尤其在這後新冠肺炎時代，為了減少人與人接觸傳染的機會，自動駕駛車的發展更受注目。期望讀者由本書的引導藉由認識了解無人自走車自主導航的原理與實作來對自駕車有更深入的了解。經由 MATLAB® 與 ROS2 整合的開發環境來實作自走車，透過此開發環境方式，即使是在家自學也可以簡單實作出預期中自走車的功能。

Appendix

A
·····
附錄

◇　附錄一

讀者可以參考下列網址下載參考程式碼，直接套用或修改後進行本
書實驗操作。

https://mega.nz/folder/jkMBEA5K#JpHj-lJEm3h7S46xfMybPw

ex_5_2.m	5.2 實驗 MATLAB 程式碼
ex_5_3.slx	5.3 實驗 MATLAB 模組
ex_5_5.slx	5.4、5.5 實驗 MATLAB 模組
ex_5_6.slx	5.6 實驗 MATLAB 模組
ex_5_7.slx	5.7 實驗 MATLAB 模組
ex_5_8.m	5.8 實驗 MATLAB 程式碼
samplemap.mat	實驗場域環境地圖
ex_6_1.m	6.1 實驗 MATLAB 程式碼
ex_6_2.m	6.2 實驗 MATLAB 程式碼
ex_6_2_6.m	6.2.6 實驗用不同的航點資訊
ex_6_3.m	6.3 實驗 MATLAB 程式碼
ex_6_4.m	6.4 實驗 MATLAB 程式碼
ex_6_5.m	6.5 實驗 MATLAB 程式碼
ex_6_6.m	6.6 實驗 MATLAB 程式碼

◇ 附錄二

讀者可以參考下列對應縮寫與原始字義。

AMR	Autonomous Mobile Robot
CE	Communate Europpene
DCPS	Data-Centric Publish-Subscribe
DDS	Data Distribution Service
DDSI-RTPS	Real-time Publish Subscribe Protocol DDS Interoperability Wire Protocol
DoC	Declaration of Conformity
ISO	International Organization for Standardization
OMG	Object Management Group
OSRF	Open Source Robotics Foundation
PR2	Person Robot II
QoS	Quality of Service
ROS	Robot Operating System
RPM	Revolution Per Minute
RRT	Rapidly exploring Random Tree
RTPS	Real Time Publish-Subscribe Protocol
SLAM	Simultaneous Localization and Mapping
SSH	Secure Shell
UART	Universal Asynchronous Receiver and Transmitter
UL	Underwriters Laboratories Inc.
VFH	Vector Field Histogram
XRCE	eXtremely Resource Constrained Environments

附錄三　參考資料

[1] C.T. Chen,「自動駕駛車發展現況與未來趨勢」, The Automotive Research & Testing Center(ARTC), 2018. [Online], Available: https://www.artc.org.tw/chinese/03_service/03_02detail.aspx?pid=13261.

[2] 「自動駕駛車」, in Wikipedia. [Online]. Available: https://zh.wikipedia.org//wiki/ 自動駕駛車 .

[3] "Honda Receives Type Designation for Level 3 Automated Driving in Japan". [Online]. Available: https://global.honda/newsroom/news/2020/4201111eng.html.

[4] 「ARTC 自駕車馳騁各地豐碩成果展現研發實力」, The Automotive Re-search & Testing Center(ARTC), 2018. [Online]. Available: https://www.artc.org.tw/chinese/03_service/03_02detail.aspx?pid=13329.

[5] 石育賢，吳俊德,「揚風啟航，臺灣自動駕駛產業脈動與推動上路發展藍圖」, 機械工業雜誌產業脈動, 2021. [Online]. Available: https://www.automan.tw/magazine/magazineContent.aspx?id=3862.

[6] J. Pócsová, A. Mojžišová, and M. Mikulszky, "Matlab in engineering education," in 19th International Carpathian Control Conference (ICCC), pp. 532-535, 2018.

[7] A. Araújo, D. Portugal, M. S. Couceiro, and R. P. Rocha, "Integrating Arduino-based educational mobile robots in ROS," in 13th International Conference on Autonomous Robot Systems, 2013, pp. 1-6, doi: 10.1109/Robotica.2013.6623520.

[8]　"ROS 2 Design," [Online]. Available: https://design.ros2.org..https://design.ros2.org.

[9]　Z. He, L. Cheng, W. Zheng, M. Sun, and Q. Yu, "Indoor intelligent patrol robot based on ROS architecture," in 2017 2nd International Conference on Advanced Robotics and Mech-atronics（ICARM）, pp. 294-298, 2017.

[10]　Y. Pyo, H. Cho, R. Jung, and T. Lim, ROS Robot Programming, ROBOTIS Co. Ltd., pp. 23-45, 2017.

[11]　"TurtleBot," [Online]. Available: https://www.turtlebot.com.

[12]　"ros2arduino," [Online]. Available: https://www.arduino.cc/reference/en/libraries/ros2arduino.

[13]　"ROS 2 Documentation," [Online]. Available: https://docs.ros.org/en/foxy.

[14]　Y. Hold-Geoffroy, M. Gardner, C. Gagné, M. Latulippe, and P. Giguère, "ros4mat: A Matlab Programming Interface for Remote Operations of ROS-Based Robotic Devices in an Educational Context," in 2013 International Conference on Computer and Robot Vision, 2013, pp. 242-248, doi: 10.1109/CRV.2013.53.

[15]　A. Behrens et al., "MATLAB Meets LEGO Mindstorms—A Freshman Introduction Course Into Practical Engineering," in IEEE Transactions on Education, vol. 53, no. 2, pp. 306-317, May 2010, doi: 10.1109/TE.2009.2017272.

[16] "Robotics System Toolbox," [Online]. Available: https://www.mathworks.com/products/robotics.html.

[17] B. Yan, D. Shi, J. Wei, and C. Pan, "HiBot: A generic ROS-based robot-remote-control framework," in 2017 2nd Asia-Pacific Conference on In-telligent Robot Systems (ACIRS), 2017, pp. 221-226, doi: 10.1109/ACIRS.2017.7986097.

[18] "ROS Toolbox," [Online]. Available: https://www.mathworks.com/products/ros.html.

[19] L. Zhi and M. Xuesong, "Navigation and Control System of Mobile Robot Based on ROS," in 2018 IEEE 3rd Advanced Information Technology, Electronic and Automation Control Conference (IAEAC), 2018, pp. 368-372, doi: 10.1109/IAEAC.2018.8577901.

[20] S. Lee, G. Tewolde,J. Lim, and J. Kwon, "2D SLAM solution for low-cost mobile robot based on embedded single board computer," in Proceedings of the 2017 World Congress on Advances in Nano, Bio, Robotics and Energy (ANBRE2017), pp. 281-298, 2017.

[21] E. Chebotareva and L. Gavrilova, "Educational Mobile Robotics Project "ROS-Controlled Balancing Robot" Based on Arduino and Raspberry Pi," 2019 12th International Conference on Developments in eSystems Engineering (DeSE), 2019, pp. 209-214, doi: 10.1109/DeSE.2019.00047.

[22] Z. He, L. Cheng, W. Zheng, M. Sun, and Q. Yu, "Indoor intelligent patrol robot based on ROS architecture," in 2017 2nd International Conference on Advanced Robotics and Mechatronics (ICARM), 2017, pp. 294-298, doi: 10.1109/ICARM.2017.8273177.

[23]　E. Krotkov, D. Hackett, L. Jackel, M. Perschbacher, J. Pippine, J. Strauss, G. Pratt, and C. Orlowski, "The DARPA Robotics Challenge Finals: Results and Perspectives," Springer Tracts in Advanced Robotics, pp. 1-26, 2018.

[24]　S. Park and G. Lee, "Mapping and localization of cooperative robots by ROS and SLAM in unknown working area," in 2017 56th Annual Conference of the Society of Instrument and Control Engineers of Japan (SICE), 2017, pp. 858-861, doi: 10.23919/SICE.2017.8105741.

[25]　P. Benavidez, M. Muppidi, P. Rad, J. J. Prevost, M. Jamshidi, and L. Brown, "Cloud-based realtime robotic Visual SLAM," in 2015 Annual IEEE Systems Conference (SysCon) Proceedings, 2015, pp. 773-777, doi: 10.1109/SYSCON.2015.7116844.

[26]　I. Noreen, A. Khan, and Z. Habib, "Optimal Path Planning using RRT* based Approaches: A Survey and Future Directions," International Journal of Advanced Computer Science and Applications (IJACSA), Vol. 7, No. 11, pp. 97-107, 2016.

[27]　Moveh Samuel, Mohamed Hussein, and Maziah Binti Mohamad, "A Review of some Pure-Pursuit based Path Tracking Techniques for Control of Autonomous Vehicle," International Journal of Computer Applications, Vol. 135, No. 1, pp. 35-38, 2016.

[28]　I. Ulrich and J. Borenstein, "VFH+: reliable obstacle avoidance for fast mobile robots," in IEEE International Conference on Robotics and Au-tomation (Cat. No.98CH36146), 1998, pp. 1572-1577, vol. 2, doi: 10.1109/ROBOT.1998.677362.

[29] W. Hess, D. Kohler, H. Rapp, and D. Andor, "Real-time loop closure in 2D LIDAR SLAM," in 2016 IEEE International Conference on Robotics and Automation (ICRA), 2016, pp. 1271-1278, doi: 10.1109/ICRA.2016.7487258.

[30] 「歐洲合格認證」, in Wikipedia. [Online]. Available: https://en.wikipedia.org/wiki/CE_marking.

[31] 「保險商實驗室」, in Wikipedia. [Online]. Available: https://en.wikipedia.org/wiki/UL_(safety_organization).

[32] 「能源之星」, in Wikipedia. [Online]. Available: https://en.wikipedia.org/wiki/Energy_Star.

[33] 「國際標準化組織」, in Wikipedia. [Online]. Available: https://en.wikipedia.org/wiki/International_Organization_for_Standardization.

[34] "Personal Delivery Devices," [Online]. Available: https://www.penndot.gov/Doing-Business/PDD/Pages/default.aspx.

[35] D. Agarwal and P. S. Bharti, "A Review on Comparative Analysis of Path Planning and Collision Avoidance Algorithms," International Journal of Mechanical and Mechatronics Engineering, Vol. 12, No. 6, pp. 609-624, 2018.

[36] "Navigation toolbox," [Online]. Available: https://www.mathworks.com/help/nav/ug/vector-field-histograms.html.

◇ 附錄四　索引